ラジオの戦争責任

坂本慎一

法藏館文庫

本書は二〇〇八年二月一四日、ＰＨＰ研究所より刊行された。

まえがき

太平洋戦争がなぜ起こったのかと問う書物は多い。鎖国政策以来の日本の後進性によるとか、古代から存在する天皇制に問題があるとか、欧米列強の植民地支配がそもそもの発端であるなど、さまざまな意見がある。研究は非常に広い範囲に及び、主張は百出である。

形式的には、東京裁判でいわゆる「A級戦犯」になった人たちが、戦争の原因をつくったとされている。そのなかでも、東條英機はもっとも中心的な人物とされている。しかし、これにも多くの疑問が残る。

頻繁《ひんぱん》に指摘されることであるが、「独裁者」と言われた東條英機は総理大臣や陸軍大臣などを兼ねていたにもかかわらず、海軍人事にはほとんど関与できなかった。これはヒトラーやルーズベルトが、すべての軍を掌握していたことと大いに異なっている。また、ドイツでは、ナチス党が戦争の指導者だったことは明白であるが、日本の大政翼賛会はナチス党に比べれば、はるかに脆弱《ぜいじゃく》で寄せ集めの組織だった。日本では、ドイツほど指導者が明白ではなかったのである。太平洋戦争は、誰が起こしたのかよくわからないことが特徴であると言ってよい。

太平洋戦争は、事前に充分な計画が練られたものとは言いがたい。誰が主導したのかはっきりしないまま、ずるずると戦争に深入りしてゆき、未曾有《みぞう》の惨事を引き起こしたのである。たとえ敗北した戦争だったにせよ、また戦争の意義が今日から見れば正当化しえないものであったにせよ、明白な目標なり理念があったのなら、責任の所在もはっきりするであろう。太平洋戦争には、そもそもこれらがなかったのである。「大東亜戦争の完遂」とは何を意味するのか、まったくもって不明であった。

石油が禁輸されたのでアメリカと開戦したという解釈も、部分的な説明にしかなっていない。石油の確保が戦争の明白な目的であるならば、戦争中にもっと「石油確保」が連呼されるはずである。しかし実際に連呼されたのは、「日本精神」「武士道」「大和魂」「大日本帝国万歳」である。これらと石油に何の関係があるだろうか。

戦争へ至る過程を見ても、戦いを避けられるかもしれない時点が幾度となくあった。しかし日本は、何度も間違いを重ねて、何かに引き寄せられるようにして戦争へ突入した。偶然が何度も重なれば、必然と考えるほかない。このような戦争が起こるには、それまでの日本にはまったく存在しなかった「何か」があったと考えるべきであろう。

戦争の終結は、昭和天皇による「御聖断」で決まったと多くの本では書かれている。しかし、これも厳密に言えば正確ではない。現にマッカーサーが厚木空港に降り立つ前に、これを実力で阻止しようと考えた人もいた。昭和天皇が何と仰せられようと戦争は続行すべきだという考えも、一部には存在したのである。

もし政府が戦争の終結を決断しても、多くの国民がこれに反対して戦争の続行を強行したらどうなっていたか。革命やクーデターによって政府は倒され、新しく成立した政府が戦争の続行を唱えたであろう。また逆に、政府が戦争の続行を主張しても、国民がこれに全力で反対したのなら、戦争は事実上休止状態になったと考えてよいはずである。戦争が終わるか、それとも続行するかは、国民による実際の行動が決定的に重要なのであり、国民が戦うことをやめたときが戦争の終わるときなのである。

太平洋戦争に関して言えば、ほとんどの国民は、一九四五（昭和二十）年八月十五日のたった一日で、もはや戦う必要はないと認識した。国民がそのように考えたのは、玉音放送を聞いたからである。太平洋戦争を終わらせたのは、ラジオであった。

玉音放送は、簡単に実現したのではない。戦争の続行を唱えて、放送を実力で阻止しようとした人たちもいた。玉音放送は、これを命がけで実現しようとした人がいたのであり、ラジオが国民に及ぼす影響を計算した上で行なわれたのであった。

厳密に言えば、玉音放送のとき、多くの国民は昭和天皇のお声を直接聞いたわけではない。昭和天皇は、国民一人ひとりにお声をかけられたのではなく、レコードの録音をされただけである。国民が直接聞いたのは、目の前のラジオ受信機が出す「音」であった。「一億総玉砕」「最後の一人まで戦う」と叫んでいた国民は、ラジオ受信機が出す「音」を聞いて、戦争をやめたのである。

終戦当時の日本には、約五七〇万台のラジオ受信機が稼働していた。これらのラジオ受信機は、当時の人々がつくったものである。それは、多くの技術者による研究の成果であり、受信機を広めようとした経営者や営業担当者の苦労の結晶であった。ラジオは自然に広まったのではなく、売ろうとした人やつくろうとした人など、さまざまな人々の努力によって普及したのである。ラジオが広まっていなければ、昭和天皇がラジオで終戦を呼びかけられても、一部の国民にしか伝わらなかったであろう。

玉音放送の前に、昭和天皇のお声が放送されたことはない。それまでは、ラジオが式典や祭典を中継していても、天皇のお声だけは放送されない規則になっていた。ところが玉音放送のとき、ほとんどの国民は、はじめて聞いた天皇のお声を本物だと信じた。しかも、アナウンサーが「全国聴取者の皆様、ご起立を願います」と述べたとき、国民の多くがラジオの前で直立して放送を聞いた。国民が直立不動となって聞いたのは、目の前のラジオが出す「音」であった。

しばしば進歩的知識人は、太平洋戦争について「軍部が国民をだまして戦争を行なった」と主張している。仮にそうだとして、軍部は何を通じて、どうやって国民をだましたのであろうか。軍人たちは、国民一人ひとりに声をかけてまわったのではない。彼らが行なったのはラジオ演説である。国民のほとんどは、東條英機に会ったことはなかったが、それでいて彼の声は広く知られていた。国民が聞いたのは、東條によるラジオ放送である。大本営発表による戦果の強調も、戦争意識を高める軍歌の演奏も、軍隊が行進するときの軍靴《ぐんか》の音も、国民はラジオで聞いたのであった。

戦前のラジオ放送は、日本放送協会による第一放送と第二放送しかなかった。民間放送は戦後になってからである。戦争のさなか、日本最大の発行部数を誇っていた朝日新聞が約三七〇万部であったのに対し、ラジオ受信契約者は最大で七五〇万人に達していた。さらにラジオは新聞とは異なり、一台の受信機が発する音を多くの人が聞いていた。「ペンは剣よりも強し」という言葉があるが、この時代のラジオはいかなるペンよりも強かったと言える。多くの国民が真珠湾攻撃について知ったのはラジオであり、戦争の終結を自覚したのは玉音放送であった。当時の多くの国民にとって、太平洋戦争はラジオに始まり、ラジオに終わった戦争であった。

昭和初期におけるラジオ放送の影響力の大きさは、次のように理解することもできる。江戸時代において国民の大多数を占めていたのは農民であった。彼らは、最高権力者である将軍や、その側近の老中たちを見たこともないし、声を聞いたこともなかった。地元の大名ですら、大名行列でその存在を意識する程度だったと想像される。

そのような封建の時代が終了してから百年を経ない昭和初期に、ラジオは急速に普及した。ラジオは東條英機や松岡洋右《ようすけ》の声を直接国民の耳に届けた。江戸時代で言えば、将軍や老中の声を全国の農民に同時に聞かせたのと同じである。もともと「お上意識」の強い日本人が急速にこのような状況に置かれるようになれば、政治家はそれまでになかった強大な権力を手に入れたも同然である。

本来、政治家としての優秀さと、演説のうまさは正比例しない。朴訥《ぼくとつ》でありながら、決断力や判断力に優れた政治家もいれば、口だけは達者で無責任な政治家もいる。ラジオが社会に浸透すると、演説のうまい政治家が国民的人気を博するようになった。責任感や未来への洞察力よりも、ラジオ演説のうまさが決定的に重要となった。大正デモクラシーの時代からわずか数年で、急速にそのような時代になったのである。これでは、政治が混乱しないほうが不思議である。

つまり、太平洋戦争の原因として、ラジオ放送の存在そのものを疑ってみるべきではないだろうか。

凡例

引用文のうち、ラジオ放送の筆記録はゴシック体で表記してある。

引用文は、文意を変えない程度に改稿してある。

目次

ラジオの戦争責任

序　章　最強のマスメディア・日本のラジオ

太平洋戦争に関する疑問

太平洋戦争について、疑問を投げかける書は多い。なぜ満州事変以降、日本は戦争を拡大しつづけたのか。戦争をするにせよ、なぜアメリカに真っ向勝負を挑んだのか。アメリカと戦わざるをえなかったにせよ、なぜもっとよい作戦を考えなかったのか。さらに、なぜそれらの無謀な作戦が実際に行なわれたのか。負けるにせよ、なぜ早い段階で終戦交渉を行なわなかったのか。また、そこまで無謀な戦いを続けながら、終戦後はなぜ急にマッカーサーに対して従順になったのか。太平洋戦争は、多くの謎に包まれた戦争である。

こうしたさまざまな問いのなかで、この書では、「なぜ当時の国民は戦争を支持したのか」という問いがもっとも重要だと考えたい。太平洋戦争の開始前、一九四一（昭和一六）年六月、文部省社会教育局による世論調査では、八六・二パーセントの国民が日中戦争にもっと協力すると答えている。国民による実際の協力こそ太平洋戦争の原動力であり、権力者を突き動かした力だったはずである。

国民の世論を考える上で、マスメディアの考察は欠かせない。当時、日本最強のマスメディアは日本放送協会によるラジオ放送であった。ラジオ放送は、どの新聞の購読者よりも多くの聴取者を持っていた。それは昭和に入ってから急速に力を伸ばしたまったく新しい権力でもあった。この新しく登場した巨大な権力は、国民の生活や考え方に大きな影響を与えたはずである。

また日本におけるラジオ放送は、欧米とは異なり、さまざまな意味で独特の放送であった。日本における特徴を考慮すれば、当時の日本放送協会は、非常に強大な権力を手にしていたと言えるだろう。

戦前の放送の概要

日本では一九二一（大正十）年ごろから、ラジオや無線機について啓蒙が行なわれていた。新聞社など民間の団体は、放送局設立の許可を得ようとし、積極的に運動していた。しかしあまりにも激しい争いを引き起こしたため、政府は民間放送を許可せず、公益社団法人による放送とした。一九二五（大正十四）年三月一日、社団法人・東京放送局は、「試験放送」の名目で放送を開始する。同月二十二日にはこれが「仮放送」となり、七月十二日に「本放送」となった。大阪では五月十日、名古屋では六月二十三日に「試験放送」が開始され、やがてこれらも「本放送」へと発展していった。

一九二六（大正十五）年八月二十日に、東京・大阪・名古屋の三法人が解散して日本放送協会が発足した。この際も、再度民間放送を申し出る団体があったが、許可されなかった。日本では戦後まで、公益社団法人・日本放送協会がラジオを独占放送することとなった。ラジオのチャンネルは今日で言うNHK第一放送と第二放送だけであり、テレビジョンが実用化されたのは戦後のことである。放送内容は政府によって検閲され、統制されていた。

日本における最初期の放送は「ラジオファン」と呼ばれる一部の人だけが、放送局と契約する形で聞いていた。日本放送協会による独占放送や言論の統制も、この「ラジオファン」しか放送を聞いていないということが暗黙の前提であった。その後、ラジオ受信機メーカーの努力によって、受信機は広く普及するようになる。新聞と比べても明白なとおり、日本放送協会は明らかに日本最強のマスメディアになっていた（グラフ1参照）。

しかしラジオが国民的な広がりを見せたあとでも、独占放送や言論統制という体制は、基本的に変わらなかったのである。時代の変化に対して硬直的でありすぎたということに、戦前のラジオ行政の大きな問題があった。

戦前の放送は、その内容から大きく三つの期間に分けて考えることができる。一九二五（大正十四）年の放送開始から一九三〇（昭和五）年までの初期放送の時代、一九三一（昭和六）年の第二放送開始から一九三六（昭和十一）年までの教養放送全盛の時代、一九三七（昭和十二）年からの戦争報道中心の時代である（グラフ2参照）。今日ではラジオ放送と言えば、スポーツ中継や音楽を思い浮かべる人が多い。しかし戦前の放送で娯楽が多か

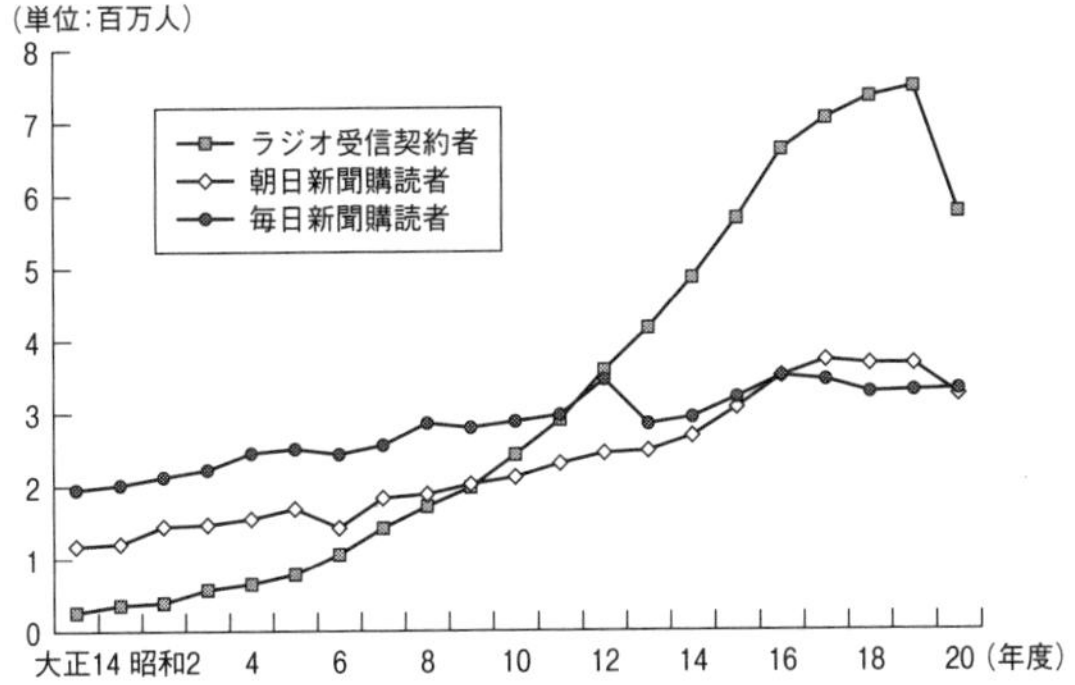

グラフ1：ラジオ受信契約者数、朝日新聞購読者数、毎日新聞講読者数

(出典)『日本放送史』(1965年版) 上巻巻末データ、『朝日新聞社史・資料編』320〜21ページ、『「毎日」の3世紀』別巻96〜7ページより

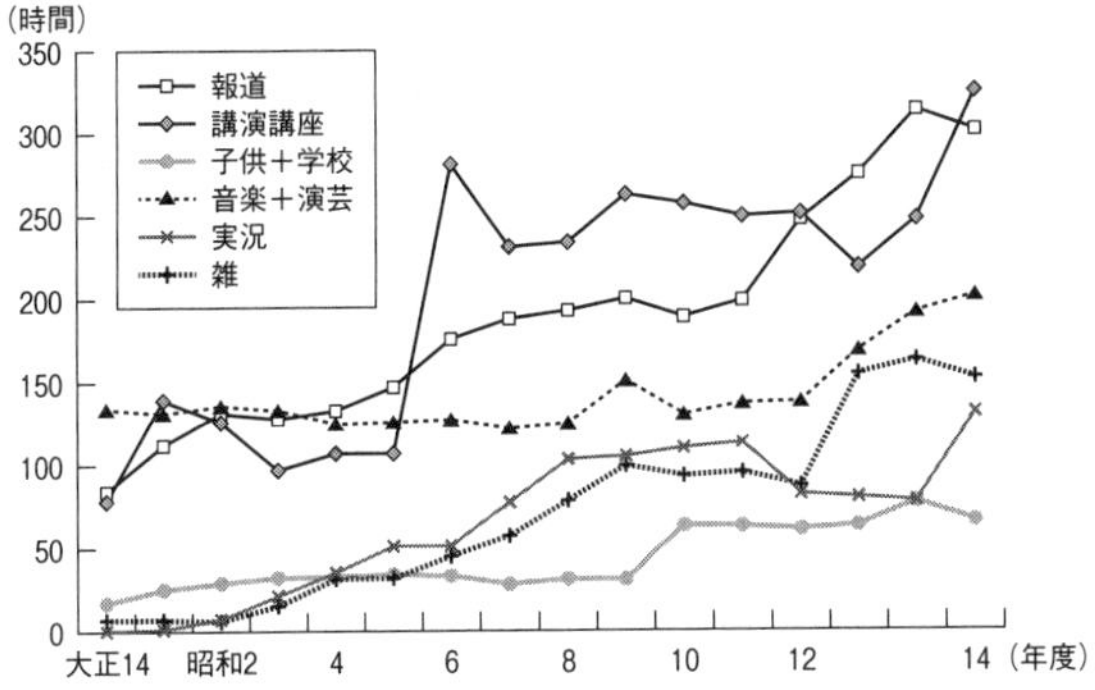

グラフ2：東京中央放送局番組内容別放送時間

(出典)『ラヂオ年鑑』(昭和15年版) 95ページ、『ラヂオ年鑑』(昭和17年版) 47ページより

ったのは最初の一、二年だけであり、以後は娯楽が放送の中心となることはなかった。娯楽放送も圧倒的に人気があったのは、音楽ではなく浪花節である。音楽が多く放送されるようになったのは、日中戦争が長引いて軍歌が盛んになってからであった。

戦後の東京裁判では、満州事変から終戦まで、ひとつながりの戦争として把握された。しかしラジオ放送に関して言えば、満州事変よりも日中戦争のほうが大きな転換点であったと言える。教養放送も、これを境に「武士道」や「皇道」などを鼓吹《こすい》するものが急激に増えた。多くの軍歌が次々とつくられ、時事的なニュースも音楽とともに絶叫調で報道されるようになった。

海外では、アメリカが一九二〇（大正九）年に放送を開始したのが最初であると言われている。受信機がもっとも普及し、放送が発達した国はアメリカであった。放送は、商業放送が中心で、数百もの放送局が乱立する状態であった。次に発達したのはドイツであり、いくつかの民間で設立された放送局が公営化とともに一つに統括され、ナチス政権下では国営化された。イギリスでは民間会社として発足した放送会社が、英国放送協会として公共放送になり、戦後まで唯一の放送事業者であった。フランスでは放送事業は統一されず、国営放送と商業放送が混在する状態であった。

一般に日本以外の主要先進国では音楽の放送が圧倒的に多く、どの国でも全放送時間の半分以上を占めていた。日本ほど教養放送や報道を重視した国は、ほかになかったと考えてよい。第二次世界大戦が勃発してドイツがフランスを占領すると、フランスの不統一な放送体制を反面教師ととらえ、ナチスに見習う動きが各国で活発になった。スペイン、トルコ、ルーマニア、ユーゴスラビア、オランダ、ポルトガル、ノルウェーなどの国が、国営による統一的な放送に改組したり、政府による監督を強化したりした。日本もまた、フランスの「失敗」とドイツの「成功」に強く影響された国であった。

日本におけるラジオ放送の最大の特徴

戦前の日本におけるラジオ放送の特徴を考える場合、なんと言っても見逃せないのが民家の特質と人々のマナーである。のちに玉音放送の仕掛け人となる下村宏は一九三八（昭和十三）年、次のように指摘している。

ラジオ受信機は日本の都会ではかなりよく行き渡っている。往来では軒並にラジオの放送を聞かされてゆく事が珍しくない。

ところが外国ではどうかというと、時と所により、番組により、それぞれ好き嫌いがある。何よりもやかましい、うるさい、邪魔になるというので聞きたくない時も少なくない。家屋の構造も日本のように明け放しでないし、西洋ではいずれの家もラジオはなるべく音量を下げて、隣家や隣室へ迷惑をかけないように注意している。

何よりも、往来の店先でラジオをすえつけて聞かしているというような例は少ない。ドイツなどでは警察によってまったく禁止されている。

（下村宏『生活改善』）

当時の日本では、プライバシーの概念は希薄であった。日本家屋は、隣の部屋と障子《しょうじ》やふすま一枚でしか隔てられておらず、屋外にも音が漏れやすい構造であった。また一般的に、外に音を漏らしても平気な風潮があった。そのため、都市部では、ある家で誰かがラジオを聞くと、その周辺の多くの家がラジオの音を聞かされることになった。外を歩いていても、ラジオは自然に聞こえてくるものであった。

一方、欧米では、ラジオは個室のなかだけで聞くものだった。欧米の家屋は日本家屋に比べて気密性が高く、ドアや窓を閉じると部屋の外に音は漏れにくかった。また、外に音を漏らしてはいけないというマナーがあった。ラジオは一つの部屋で一人か、せいぜい家族や親しい友人だけで聞くものであった。

これを端的に象徴しているのが、ラジオ体操である。アメリカやドイツのラジオ体操には、床に横たわったり座ったりする動作もある。ラジオはあくまで室内で聞くものだからである。

日本のラジオ体操は、立ったまま行なうものであり、屋外や職場でもできる。現に、戦前から日本のラジオ体操は、何十人、何百人という団体で行なうことが多かった。日本におけるラジオは、集団で聞くものであり、しばしば本人が聞きたいと思わなくても自然に聞こえてくるものだった。言い換えれば、日本のラジオは受信機一台当たり、実質的に聞いている人の数は、欧米と比べものにならないくらい多かったのである。

しかし、当時の日本放送協会や逓信省《ていしん》、ラジオ関係の有識者などは、そうした事実をほとんど認識していなかった。日本におけるラジオ受信機の普及率は、欧米に比べればまだ低いというのが一般的な見解であった。普及率や聴取率という統計上の数字だけが、ラジオの社会的影響力を計る物差しであるとされたのであった。

本書の概要

戦前のラジオ放送の歴史を概観することは難しい。本書では、ラジオに関係した五人の人物を列伝式に紹介することで、その概要を示したいと思う。その上で最後に考察を加え、本書の結論としたい。

大正時代末期にラジオが登場したときの状況を把握するには、それ以前の時代から考察するほうがよいであろう。ラジオが登場する以前、大衆の英雄は演説家であった。ラジオ放送が始まると、こうした演説家が放送に出演した。本書では、まずラジオの時代がどのようにして始まったのかを明らかにするため、最初に二人の知識人を紹介したい。

第一章の高嶋米峰《たかしまべいほう》は、初期のラジオ放送を代表する出演者である。当時もっとも影響力のあった仏教啓蒙家であり、演説の名手であった高嶋は、ラジオが登場する前は演説家として活躍し、放送が開始されるとさまざまな形で放送の発展に多大な貢献をしたのであった。

第二章の友松圓諦《ともまつえんたい》は、高嶋の影響を受け、ラジオ放送によって一躍有名になった仏教啓蒙家である。友松はその知名度と影響力を生かし、世を改善する社会運動を起こした。彼は教養放送全盛の時代を象徴する人物である。

次に、教養重視のラジオ放送を高く評価して、受信機の製造販売に情熱を注いだ人物を紹介したい。しばしば経済史研究者は、ある商品の普及を自然現象のようにとらえ、自然に商品が売れたと解釈してしまうが、ラジオに関して言えば、これを売ろうとした人々の熱意を忘れてはならない。第三章の松下幸之助は、ラジオ受信機の普及に情熱を燃やし、もっとも多く受信機を広めた実業家である。

こうして受信機が普及していった状況を踏まえた上で、太平洋戦争を始めた人と終わらせた人の代表を取り上げたい。軍人を中心に見れば、太平洋戦争を始めたのは東條英機ら首謀者であって、戦争が終わったのは戦闘に敗北しつづけた結果ということになるであろう。

しかしラジオ放送に注目すれば、太平洋戦争はどちらかと言えば止められない勢いによって始まり、優秀な人物によって計画的に終わらされたものである。それは、譬《たと》えるならば火災のようなものであり、確かに火をつけた人はいるが、急激に燃え広がったのはその状況に負うところが大きいのであって、火をつけた人の意志は途中から関係のないものとなった。そして、この「火災」を、最後に一瞬で消し止めた人物がいた。この働きはあまりにも手際が見事であったためか、今日まで正当に評価されていない。

第四章では、その「火」をつけた人物として松岡洋右を取り上げたい。松岡は、ラジオで積極的に演説することによって「大東亜共栄圏」の概念を広め、大衆の支持を集めた。彼はそれまでの時代には存在しなかったまったく新しいタイプの政治家であり、ラジオ扇動政治の時代を切り開いた人物であった。

第五章では、その「消火」に当たった下村宏を紹介する。下村は日中戦争の初期から早期終戦を唱え、最後にはラジオの社会的影響力を逆手にとって、終戦の玉音放送を指揮した。マスメディアを知り尽くしていた下村は、太平洋戦争の本質をもっともよく見抜いていた人物であり、ラジオを使って日本に終戦をもたらそうと考えたのである。

第一章　「超絶」の演説家　高嶋米峰

高嶋米峰とは

一九三九（昭和十四）年一月末の一週間、ラジオは午後七時のニュースのあとに「放送局よりのお願い」を放送した。この「お願い」は、どのようなラジオ出演者に興味を持っているか、一般聴取者から投書を求めるものであった。三〇〇〇通を超える投書のなかで、人気の高かったラジオ出演者は、永田秀次郎、太田正孝、芦田均《あしだひとし》、佐藤安之助《やすのすけ》、松本忠雄、下村宏、そして高嶋米峰であった。このうち、佐藤は軍人であり、高嶋以外はすべて政治家である。今日で言う「評論家」で上位に入ったのは、高嶋だけであった。

翌一九四〇（昭和十五）年、一月から二月にかけて、ラジオは再度投書を募集した。人気があった出演者は、投書が多かった順に、永田秀次郎、太田正孝、高嶋米峰、加藤咄堂《とつどう》、高神覚昇《たかがみかくしょう》、永井柳太郎、下村宏、鶴見祐輔であった。高嶋は三位に入っている。やはり高嶋の人気は高かった。

高嶋は、浄土真宗本願寺派の寺に生まれ育った仏教学者である。頭がはげ上がっていたので一見すると僧侶のように見えるが、本人に言わせれば「正真正銘の俗人」である。正式に僧侶となったことはなかった。高嶋ほど、仏教を愛するがゆえに仏教にかみついた人はいないとも言われていた。高嶋は、昭和初期のラジオ放送において、もっとも人気のあった仏教啓蒙家であった。

若きころの高嶋

高嶋米峰は一八七五（明治八）年一月十五日に、新潟県中頸城郡竹直村（現・上越市吉川区竹直）の真照寺に生まれた。その竹直から、きれいな三角形をした標高約一〇〇〇メートルの米山《よねやま》を見ることができる。米山は、通称「米峰」である。高嶋米峰の「米峰」は、これにちなんだペンネームであり、のちに役所に無理を言って本名としたのであった。寺の子として生まれたが、いわゆる「得度」を受けなかった。正式に僧侶とならなかったのである。後年の高嶋は、どこかそのことを誇りに思っていたふしがある。

高嶋の母は、彼を産んでわずか九カ月あまりののち、赤痢にかかってこの世を去った。高嶋が十一歳のとき、実父も病死した。のちに高嶋はこう書いている。

「ぼくは生まれて九カ月にして母を失い、十一歳にして父を失った。これだけでもぼくの半生の歴史が、いかに悲惨であったかがわかろうと思う」

高嶋は京都の西本願寺の普通教校（現・龍谷大学の前身のひとつ）などで学び、やがて東京の哲学館（現・東洋大学）に入学した。弁護士事務所に居候《いそうろう》し、働きながら勉強する苦学生であった。

当時の哲学館は宗教学部と教育学部があった。中学校の教員になりたかった高嶋は、教育学部を選んだ。このころの中学校の教師はステータスが高く、若者にとってあこがれの的であった。授業は午後にだけ行なわれていたので、高嶋は午前中に働き、午後は勉強にいそしんだ。教員には、哲学館の創設者であった井上円了のほかに、三宅雪嶺《みやけせつれい》、加藤弘之、村上専精《せんしょう》などがいた。

一八九六（明治二十九）年七月、高嶋は二十一歳で哲学館を卒業した。金沢の北国新聞に勤めたり、中学校教師などをしたりしていたが、どれもうまくいかず、すぐに辞めてしまった。

高嶋は、恩師の井上円了に相談して書店を開業することになった。このころ、哲学館が小石川原町へ移転し、附属の京北中学校も併せて設立された。井上は、この中学校の教科書販売を行なってほしいと考えていたのである。卸売商になるにはまとまった資本が必要であったが、小売商ならば資本はそれほど必要なかった。一九〇一（明治三十四）年、文房具店と書店を合わせたような「鶏声堂」を開店した。やがて丙午《へいご》出版社も併せて創業し、出版界に新風を吹きこむことになる。

新仏教運動

高嶋は、僧侶が寺に引きこもり、寺の世界の論理が仏教のすべてであるかのような風潮があると考えていた。このような状況に不満を持った仏教徒に、境野黄洋《さかいのこうよう》という人がいた。

高嶋の四歳年上で、哲学館の先輩である。高嶋は、境野と一緒に新しい仏教運動を起こそうと考えた。

高嶋は、子供のころから毎朝起きると仏壇にお経をあげていた。これをしないと、「顔を洗っていないような気がして気持ち悪い」とさえ言っている。寺に生まれた高嶋は、確かに敬虔《けいけん》な仏教徒であった。しかし彼らの目には、当時の仏教界は、世の人を救わず、社会を変えようとしないように見えた。高嶋と境野は、仏教に対する強い思いを持っていたがゆえに、既存の仏教団体のあらゆる規則や形式をすべて破壊しようとした。高嶋が得度を受けずに生涯を過ごしたのも、得度という形式と仏教的信心は無関係であると強く主張したかったからである。

まず、高嶋と境野と田中治六、安藤弘の四人で高嶋の下宿に集まり、新団体を旗揚げしようと相談した。さらに渡邊《わたなべ》海旭《かいぎょく》と杉村《すぎむら》楚《そ》人冠《じんかん》も加わり、「仏教清徒同志会」と名乗ることとなる。これはのちに、「新仏教徒同志会」と改められた。

会の目標は、次のようにまとめられた。

一、わが徒は、仏教の健全なる信仰を根本とする。

二、わが徒は、信仰を普及して世の改善に努める。

三、わが徒は、宗教に関する自由な討論を尊重する。
四、わが徒は、あらゆる迷信の根絶を目指す。
五、わが徒は、従来の宗教における儀式を必要としない。
六、わが徒は、宗教に関する政府の保護や介入を認めない。

仏教によって世の中を変えようとすることや、儀式を不要とすること、政府から介入を受けないと宣言することなど、今日ではそれほど過激に見えないかもしれない。しかし当時において、これらは「危険思想」であった。

やがて、さまざまな人物が新仏教徒同志会に入会していった。画家の結城素明《ゆうきそめい》、高野山からは融道玄《とおるどうげん》と和田性海《しょうかい》、禅を欧米に広めた鈴木大拙《だいせつ》、雄弁家として知られた加藤咄堂、また彼らから見れば先輩にあたる村上専精などが入会した。

会ができた以上は、雑誌を発行したらどうかという提案がなされた。話し合いの結果、高嶋が編集を引き受けることになった。こののち十五年にわたって、『新仏教』の編集を担当することになった。

一九〇〇（明治三十三）年七月一日、雑誌『新仏教』が発刊された。巻頭には無記名で「わが徒の宣言」が記載されている。そのほかにも、境野黄洋や融道玄、高嶋も論文を書いた。高嶋はこのころ、「高島玉虬《ぎょくきゅう》」と名乗っていた。

初演説

雑誌ができると、杉村楚人冠が演説会を開いたらどうかと提案した。話し合いの結果、第一回演説会は、言い出した杉村と、境野黄洋、田中治六の三人が登壇することになった。高嶋は、途中から演説会に参加した。おそらく高嶋が登壇した最初の演説会は、一九〇二（明治三十五）年十月二十五日に開かれた「仏教清徒同志会臨時演説会」である。この演説会は第一一回と第一二回の間に行なわれており、場所は「壱岐坂本郷会堂」と記録には残っている。高嶋の演題は「新仏教の曙光《しょこう》」であった。

高嶋は、原稿を書いて朗読するのもきまりが悪いし、全文を暗誦するのも無理なので、アドリブで行なうことにした。彼はのちに次のように語っている。

「演壇に立つ前から、心臓の破裂しそうな音と息切れを感じていた。いよいよ壇上にのぼると、すっかり目が見えなくなっていて、聴衆がいるのかいないのかさえわからない。壇を下りても、自分が何をしゃべったのか、まったく覚えていなかった」

のちに「超絶」と呼ばれる演説家の初演説は、何をしゃべったのか本人も覚えておらず、記録も要約だけしか残っていない。六人による連続演説の最初であり、二十五分間の熱弁であった。反響は「高嶋君はやや喝采《かっさい》を得たり」と『新仏教』に書かれている。

演説会には、第七回から加藤咄堂も参加している。加藤の参加は、演説会を一変させた。彼の演説は、聴衆の度肝を抜く堂々たるもので、噂が噂を呼び、「加藤咄堂が演壇に立つ」というだけで多くの人が集まるようになった。高嶋たちも加藤の話し方をまねて、次第に演説の技術も上達していった。高嶋は、のちにこう回顧している。

「加藤君のような雄弁家を迎えてから、会員の演説も次第に演説らしくなった。少なくとも言いたいことをうまく言えるようになり、聴衆もこちらの言いたいことを理解できるようになった。その結果、境野黄洋君のような一代の雄弁家も誕生したのである」

ラジオ放送開始以降、境野、加藤、高嶋は、三人ともラジオ演説家として全国に知られるようになった。高嶋が雄弁家になれたのも、ひとえにこの演説会で加藤をお手本として演説を練習したからであった。

「いかに生きるべきか」を問う宗教

高嶋は、近代資本主義社会における商業活動のなかに、ある種の宗教性を見ようとしていた。勤勉に働くことは、一種の修行のようなものと解釈したのである。この思想こそ、のちに多くの実業家が語る「仕事を通じた人間としての成長」という発想の原型になったものであった。

当時の僧侶は、葬式や法要だけで辛うじて生計を立てる人が多かった。「死人をえさにして飯を食っている」と皮肉る人もいた。僧侶の話をするだけで「死」を連想する人もおり、僧侶と会うと縁起が悪いと考えられたりした。これに対して高嶋は、こう言っている。

「ぼくらの宗教は、生の宗教であって死の宗教ではない。『いかに生くべきか』。これがぼくらの宗教の根本問題である。ぼくらの宗教は、人を神や仏にする前に、まず人間たらしめようとするものである」

「新仏教」とは、いかに生きるべきかを問う宗教であった。

加藤咄堂、境野黄洋らの精力的な地方遊説《ゆうぜい》もあって、新仏教運動は次第に全国へ広まっていった。特に加藤はゆく先々で喝采を浴び、当時において「加藤咄堂」の名を知らない若者はいないとまで言われるようになった。

一方の高嶋は東京にとどまり、地方へは行かなかった。編集で忙しく、体を壊すこともあった。療養中は千葉県の稲毛にとどまり、編集をほかの人に任せた。しかし、全快するとまた編集を引き受け、多忙な日々を送るのであった。

雑誌史上初の「廃刊号」

世の中に対して自由な発言をくりかえすあまり、『新仏教』は発禁処分を受けることになった。最初の発禁処分は、一九一〇（明治四十三）年の九月号であった。発禁といっても、すでに市場に出回っているものだけ禁止したので、発売日に買った人は手に入れることができたようである。

その後一九一三（大正二）年十月号も、再度発禁になった。雑誌の発禁だけではなく、高嶋はプライベートにおいても警察に尾行されるようになった。

『新仏教』編集者としての高嶋には、苦労が尽きなかった。運動開始から十年を過ぎたころから運動に対する仲間の熱も次第に冷めてきた。会計担当の田中治六は次のように言っている。

「会員がさっぱり会費を納めないし、購読者も代金を払わない。これでどうして会計がやっていけるだろうか」

資金が集まらないのは、警察の根回しによる部分も大きかった。

一九一五（大正四）年八月一日、雑誌『新仏教』は、一六巻八号で廃刊することになった。高嶋は、「『新仏教』のひつぎの前に立ちて」と題してこう書いた。

アア『新仏教』！

お前も、栄養不良で、とても助からない。昨晩、お前が死ぬと決まったときは、言うに言えない寂しさを感じてしまった。

死ぬ!?

くだらない、死ぬのが何だ。過去十五年間、力説してきたお前の新仏教主義は、断じてここで、お前と共に消滅してしまうものではない。日本の仏教界も、今お前が死んでもあまり差し支えないくらいになったのは、まさにお前が残した手柄ではないか。

短い文章であるが、おそらくこれは、高嶋が生涯のうちでもっとも感傷的に書いたものであろう。これでも足りなかったのか、そのすぐあとに、高嶋は「『新仏教』を葬る」という文章を書いている。こちらは冷静に廃刊までのいきさつを書いているが、「その筋の圧迫は、次第に雑誌の購読者を減らした」としている。

廃刊号という形で堂々と廃刊したのは、日本の雑誌史上、『新仏教』が最初であった。以後しばらくして、友人の協力などもあって高嶋は警察の尾行から解放されることになった。

その後の大正時代は高嶋にとって、鶏声堂と丙午出版社を拡張させた時代であった。丙午出版社から出した自著の大半は大正時代に集中している。鶏声堂もすっかり評判となり、多くの客を集めるようになっていた。子供のころから鶏声堂を知っていた平塚らいてうは、こう語っている。

「最初のころから考えると、お店の発展には驚くよりほかありません」

また、近所の人は口々にこう言った。

「東洋大学の隣にある鶏声堂か。鶏声堂の隣にある東洋大学か」

鶏声堂は、東洋大学の隣にあった。大学に用がある人は一部のエリートか、出入りの業者に限られたので、一般の人には鶏声堂のほうが知名度は高かったようである。

高嶋は、鉄道大臣などを務めた床次竹二郎《とこなみたけじろう》を支持していた。その後援会において、金持ちだと言われていた。大臣クラスの政治家の後援会で金持ちと言われていたのであるから、そうとうに裕福になっていたのであろう。

聖徳太子千三百年法要

のちに加藤咄堂は、次のように書いている。

「私は明治のはじめより、聖徳太子が尊敬すべき人物だと方々で話してまわっていた。しかし明治一七、八年ころまで聖徳太子の話はきわめて評判が悪かった。大内青巒《せいらん》氏らとともに運動してみたが、うまくいかなかった。学校で十七条憲法の講義もしてみたが、当時の学生には不評だった。また十七条憲法を印刷して、貴族院と衆議院の議員に配ったが、まったく反応はなかった。その後、高嶋君が中心になって聖徳太子奉賛会をおこし、ようやく太子信仰の気運が高まってきた」

戦後になると、一万円札や五〇〇〇円札に聖徳太子が描かれることになった。ここまでくるのに高嶋の果たした役割は非常に大きかったと言ってよい。

一九一二（大正元）年、かねてから知り合いであった、法隆寺管主の佐伯定胤《じょういん》が高嶋を訪ねた。佐伯は、聖徳太子の千三百回忌を盛大に行ないたいと相談を持ちかけた。聖徳太子が亡くなってから、法隆寺では五十年ごとに法要を行なっていたが、前回の千二百五十回忌のときは、明治維新で国内が騒然としていたので、法要は行なわれなかった。さらにその前の千二百回忌も、仏教界の力不足で法要は行なわれなかったのである。

後日、高嶋は先輩や友人に声をかけ、まず「法隆寺会」をつくった。第一回の会合は、神田の学士会館で行なわれた。こうした活動が新聞などに書かれるようになると、攻撃する者が現われた。

それまで聖徳太子を批判する人々は、崇峻《すしゅん》天皇の崩御を問題として取り上げていた。蘇我馬子は崇峻天皇を暗殺しており、聖徳太子は摂政のとき、蘇我馬子を大臣としている。

これが「聖徳太子は逆賊だ」という理論の根拠とされていた。しかし高嶋は、当時の大臣は世襲制であって聖徳太子が特に馬子を重んじていたわけではなかったこと、聖徳太子が摂政のときの馬子は決して逆賊としての活動をしていなかったこと、また聖徳太子は仏教を普及させ、十七条憲法を制定し、遣隋使によって外国の優れた文化を取り入れたという、今日では広く知られる内容を雑誌や講演でくりかえし主張したのであった。

法要を行なうのに、どれくらいの費用が必要か、高嶋たちはおおよその金額をはじき出した。当時の金額で四〇万円ほど必要だという結果が出た。これは法要自体の費用というよりは、廃仏毀釈で荒廃しきった法隆寺を立て直す費用であった。当時の法隆寺について、高嶋は次のように書いている。

「御堂は雨のもらないところがなく、実にさんたんたる状態である」

このころの四〇万円は、今の七億円以上であった。高嶋は、当時すでに財界の大御所であった渋沢栄一に協力してもらった。仏教に批判的な水戸学を若いころに学んだ渋沢は、聖徳太子を逆賊だと思っていたが、高嶋の説得によって考えを変え、積極的に協力することになった。

法要会の会長には紀伊徳川家の徳川頼倫《よりみち》侯爵を迎えることができた。さらに総裁として、昭和天皇の皇后の父にあたる久邇宮邦彦王《くにのみやくによし》を招き入れた。

かくて一九二一（大正十）年四月十一日、法隆寺において、聖徳太子千三百年御忌法要が催された。久邇宮邦彦王や徳川頼倫も予定どおり参列し、イギリスやフランスの大使も参列した。朝の十時より奈良県庁で総裁宮奉戴式があり、次に法隆寺で御遠忌《おんき》が行なわれた。さらに夜には、久邇宮主催の晩餐会があり、次の日の午後に再び法隆寺で大遠忌があった。奈良県庁や法隆寺に近い駅は、どこも鉄道開設以来の人が押しかける混雑ぶりだったという。

資金は法要が終わったあとからも集まり、最終的には目標の倍の八〇万円になった。渋沢は言った。

「およそ、寄付の募集というと、私の名前の出ていないものはもぐりだと言われるほど、私はあらゆる寄付に名前を出している。しかし予定の倍以上の金額が集まったのは、非常に珍しい。明治神宮奉賛会とこの会くらいのものだ」

法要ののち、四〇万円以上の資金が残った。久邇宮の提案により、この資金で聖徳太子奉賛会が発足することになった。のちに高嶋の友人の結城素明は、次のように書いている。

「高嶋君が文筆や講演においてすぐれているということは、世間の定評で、いまさら私の言うべきことでもない。事務を処理することの迅速さも、また驚嘆すべきであった。聖徳太子奉賛会などもその一例で、高嶋君一人の力であったといっても不当ではないと思う」

この聖徳太子奉賛会は、法隆寺の護持団体として、寺の復興に大きな役割を果たすことになる。法隆寺が今日あるのは、高嶋の力によるところも大きいのである。また、この運動によって、高嶋の名はさらに広く知られるようになった。

「超絶」の始まり

高嶋は困惑していた。目の前に、おかしな機械があった。「ハスの子のお化け」と高嶋は言っている。丸くて大きさは二〇センチほどであろうか。丸の中に大きな丸、その大きな丸の周囲にやや小さないくつもの丸が模様のように描かれている。最初期の放送用マイクであった。

その機械をただ見ていればよいのではない。それに向かって話すのである。これまで演説は何百回とこなしてきた。しかし、今回の依頼は勝手が違った。目の前に話を聞いてくれる人が一人もいないのである。声を張り上げても、悲しげに語っても、まったく反応しないマイクが目の前に一つあるだけである。それでもいいから、機械に向かって話してほしいと言われた。高嶋は静かに話しはじめた。一九二五（大正十四）年四月八日、高嶋最初の放送であった。

私の演題は「日本文化の淵源」というのでありますが、演説でも講演でも、また学校の講義でも、聴衆の顔を見ながらしゃべるのを原則といたしますが、聴衆の顔を見ながらしゃべっておりますと、アクビをしているものがあればわかります。居眠りしているものがあればわかります。隣の人と話をしているのもわかります。また全体に緊張しているか、あるいはけん怠を感じているかということまで、よくわかるのでありまして、したがって、しゃべる方でも、いくらか手加減、手加減ではなく口加減と申しますか、舌加減と申しますか、そういう臨機応変の処置をとることができます。ジェスチャア、身振り、あるいは表情というようなことによって、言外の意味をくみ取ってもらうこともできるのでありますが、講演者の方に聴衆の顔が見えない、聴衆の方に講演者の顔が見えないというのは、双方ともにはなはだ頼りないわけでありますす。その代わり、と言ってはおかしいのでありますが、聴衆がどんなに野次っても騒いでも、それは一切講演者には通じないのでありますから、講演者は極めて平気に、自分の思うことを、ずんずん話していくという便利があります。ここが放送講演の妙所で、あるいは放送講演者の役得であるかもしれません。

今、私は、ここ放送局の一室において、放送機に向かって、変な形をした機械でありますが、その機械に向かって話しかけているのであります。そうした自分を見出した時に、われながら吹き出したいような気持ちをいたすのでありますが、しかしまた、確かにどこかで、私の話を聞いている人が、いくらかあるのだなということを信じなければならないのでありますから、そこに一種の力を得て、その力を頼りにして、お話を進めるつもりであります。

日本古代においてもっとも文化の発達した時代は、言うまでもなく推古天皇の時代であります。

（高嶋米峰『信ずる力』）

続いて高嶋は聖徳太子の話をした。聖徳太子がいかに仏教に篤い信仰心を抱いていたか、その仏教がいかに日本の文化において大切なものであったか、ていねいに誰にでもわかるように説明した。

二十分あまりの講演の最後を、こう締めくくっている。

時あたかも、春色《しゅんしょく》駘蕩《たいとう》、百花まさに咲き競わんとしております。この陽春、四月八日は、仏教の教祖、大聖釈迦牟尼仏の降誕せられた聖日であります。また四月一一日は、日本の釈迦牟尼仏と崇め奉り日本文化の母と敬うべき聖徳太子の薨去《こうきょ》し給いし日であります。この仏縁の深い四月において、日本文化の淵源を追憶し、現在の状態を反省し、さらに将来に向かって大いに期待するところがなければならぬと思うのでありますこれ実に、日本国民として、その仏教徒たると仏教徒たらざるとを問わず、衷心《ちゆうしん》から考えなければならぬもっとも重要な問題ではないでありましょうか。

（『信ずる力』）

高嶋はこの放送について「私の処女放送であって、それは実に日本における最初の宗教放送であった」と書いている。

当時のラジオのチャンネルは、今日で言うNHK第一放送だけであり、昼間は休止時間も長かった。一日の放送時間の合計は、五時間あまりだった。

放送開始から一周年になる一九二六（大正十五）年三月二十一日、記念の講演会が催された。複数の人による連続講演であり、筆頭に名があがったのは高嶋である。彼は再度「日本文化の淵源」を、人々の面前で話した。これは放送ではなく、人々が目の前で聞いていた。「このような話をラジオで放送しました」という見本のような講演だった。放送開始から一年で、高嶋の講演は「見本」の筆頭にあげられていたのである。

「ひのえうま生まれの娘さんたちに」

高嶋による初期のラジオ放送で、絶大な支持を受けたものに「ひのえうま生まれの娘さんたちに」という話があった。高嶋の師匠である井上円了は、「迷信の打破」をライフワークとした思想家であった。これを引き継いだ高嶋は、「ひのえうま生まれの娘は、夫を殺す」という迷信を打破しようとしていた。彼は、機会あるごとに演説を行なったり、新聞や雑誌に投書したりして、この迷信に挑戦していた。

その演説を放送関係者がどこかで聞いたのか、高嶋はひのえうまの娘に関するラジオ講演を依頼された。時は一九二六(大正十五)年、詳しい月日はわからない。一九〇六(明治三十九)年のひのえうま生まれの娘が、ちょうど二十歳になる年であった。ひのえうま生まれというだけで縁談がまとまらなかったり、それが原因で自殺する女性が相次いだりするという社会情勢であった。こうしたニュースを新聞で見るたびに、高嶋の不満は高まっていく。依頼を受けた高嶋は、マイクに怒りをぶつけた。その詳しい演説筆記は残っていない。

いつもラジオ講演をすると、後日、反響が寄せられるのだが、このときはあまりにも反響が大きく、高嶋自身も驚いた。もらった手紙は、どれも高嶋に感謝する内容であった。

「毎日、憂うつにくらしていた娘が、急にほがらかに笑うようになりました」

「暗い家庭が、明るくなりました」

「私は、今妻を迎えようとしているのですが、先生のお話をうかがって、断然ひのえうま生まれの女性と結婚する決心が固まりました」

「これは、ひのえうま生まれの娘がつくったひじ布団です。どうかお使いください」

あまりにも好評だったため、名古屋放送局や大阪放送局へも呼ばれて、同じ話をした。当時は全国中継ができず、放送局も東京を含めて三つしかなかった。同じ話をくりかえしたが、反響はやはり大きく、感謝の手紙が机の上からあふれた。

放送をして聴取者から物をもらったのは、後にも先にもこのときだけであったと高嶋は述べている。「ひのえうま生まれの娘さんたちに」は、最初期放送の快挙として、語り継がれることとなった。高嶋はこう述べている。

「それだけ、当時のひのえうま生まれの娘やその父母が、いかに愚にもつかない迷信のために苦しめられていたかを想像すべきである」

初期ラジオ放送への貢献

初期のラジオは、まだ世間の理解がなかったことや、日本放送協会に人脈がなかったこともあって、出演者を探すのに苦労した。出演を頼みに行っても、しばしば断わられていたという。自薦する人もいたが、放送局にとってはあまり好ましくない人も多かった。

そのころ放送の出演者を探す係に、道満勤吾という人がいた。道満は高嶋を頼りにし、一週間に一度は高嶋の家を訪問した。顔の広い高嶋は、こころよく相談に応じ、しばしば名刺を道満に渡していた。道満は、その名刺を持って高嶋が推薦する人のところへ行き、出演を依頼していた。高嶋の子供が言った。

「お父さんの名刺は、道満さんにあげるためにつくったみたいだなあ」

高嶋が推薦した人物として、新仏教徒同志会のメンバーがあげられる。加藤咄堂、境野黄洋、高島平三郎など、雑誌『新仏教』の時代から志を共有するメンバーが、ラジオに頻繁に出演することになった。その結果、最初期からラジオを聞く人にとって、新仏教の思想は非常になじみ深いものとなった。新仏教が特定の宗派ではないことや、都会における経済活動を重視する思想であったことも、放送関係者にとっては好都合であった。

ときには、出演者が突然キャンセルすることもあった。それが高嶋の紹介した人物でなくても、放送協会は高嶋に泣きついた。高嶋も同情して、しばしば代役を務めている。その結果、彼は子供向けの番組や婦人向けの番組はもとより、聴取者代表としての出演、のちには小売店主経験者としてビジネスの講話を行なうなど、あらゆるジャンル、さまざまな立場で放送に関わることになった。

一九二六（大正十五）年十二月二十五日、療養中だった大正天皇が崩御された。明けた翌年の一月五日、高嶋はマイクの前に立っている。題は「諒闇《りょうあん》、三年もの言わず」であった。三年の喪に服すというのが、儒教の喪のあり方であったので、それにちなんだ題名をつけた。

今この日本帝国の家長にましまス天皇が、喪にまします諒闇は、すなわちそのまま家族である、われわれ七千万国民の喪であり、諒闇でもあるのであります。われら国民は、たとえ儒教流に三年もの言わずというようなことはできないまでも、心から謹慎して、赤誠のあらん限りを表さなければならないと信ずるものであります。

一体、われわれ日本の国民は、ヤカンのように熱するのも早いが、冷めるのも早いのであります。すなわちヤカン的国民であります。人のうわさも七五日とか、のど元過ぎれば熱さを忘れるとかいうことわざは、まことによく、このヤカン的国民の短所欠点を、道破していると思うのであります。もちろん、熱するのもよろしい。冷めるのも悪くはありませぬ。しかし、それは共に常軌を逸しないようにあって欲しいものであり、脱線しないのを程度としておきたいのであります。悲しい時には、いっそひと思いに死んでしまいたいと思うこともありましょう。しかし、その度に死んでいては命がいくつあっても足りませぬ。楽しいことに出会いますと日もこれ足らぬということもありましょう。しかしその度に流連荒亡していては納まりがつきませぬ。

先帝陛下の御崩御は、実に国民悲嘆のきわみであります。しかし、われら国民は、一時の悲嘆にかきくれて、永遠の事業を忘れてはなりませぬ。先帝陛下の御聖徳は、永遠に記念したてまつらなければなりませぬし、また日本建国の精神である宝祚と国運と民福との永遠のいや栄えのために、われら国民が渾身の力をささげることは、やがて先帝の大御心に、そいたてまつるゆえんでもあると、信ずるものであります。

（高嶋米峰『随筆思ふまゝ』）


日本人の熱しやすく冷めやすい性質は、高嶋がその後もしばしば取り上げて批判したところであった。大正ロマンによる風紀の乱れも、高嶋にとって見逃せない問題であった。さらに、一九二三（大正十二）年十一月十日、風紀の乱れを戒められた大正天皇のお言葉について私見を述べ、勤勉に働くことの重要性を訴えた。勤勉に働くことこそ道徳的であるという考えは、雑誌『新仏教』以来の主張であった。

この放送は東京ローカルで放送された。高嶋にとって、皇室や宮家に関する最初の冠婚葬祭放送であった。これ以後しばらくの間、国家的な冠婚葬祭放送は、しばしば高嶋が担当することになった。

一九二八（昭和三）年九月二十八日、秩父宮雍仁親王《やすひとしんのう》と松平勢津子が結婚することになった。秩父宮は、今日では「秩父宮ラグビー場」で広く知られているとおり、「スポーツの宮様」として国民に親しまれていた。大正天皇の次男であり、昭和天皇の弟である。東京中央放送局では、この日、結婚の奉祝放送を行なった。

この放送の最初の講演者として登場したのが高嶋である。放送の最初は、赤坂小学校の生徒による君が代の合唱であり、次に高嶋が「竹の園生《そのう》のいや栄え」という題で講演した。午前十時四十分から、二十分ほどの放送で、東京ローカル放送であった。話し方のうまさはもとより、この結婚を手本にすべきとし、国民の結婚や男女交際に関する道徳の改善を訴えたことは高い評価を受けた。

また、聖徳太子奉賛会が発足するきっかけをつくった久邇宮邦彦王は、一九二九（昭和四）年一月二十七日に薨去した。二十五日に発病し、二十六日には高嶋も駆けつけたが、次の日には永遠の別れとなった。久邇宮の薨去は、高嶋個人にとっても悲しい出来事であった。二月三日、葬儀が行なわれた夜、高嶋は奉悼《ほうとう》放送を担当した。これは全国に中継された。一時間は続いたと思われる長い演説の最後に、『日本書紀』における聖徳太子薨去の記述を引用している。久邇宮を失ったわれわれの悲しみは、これと同じだと締めくくった。

戦前における皇室や宮家の冠婚葬祭放送であるから、放送に間違いは許されない。失言があれば高嶋個人の問題ではなく、放送協会全体の問題となる恐れすらあった。しかも、これは事前に原稿をつくって読み上げるのではなく、まったくのアドリブの放送であった。高嶋は、何度もこうした重要な放送を任されたのであった。

教養放送全盛期へ

一九三四（昭和九）年三月、高嶋の姉である松枝が重い病気にかかった。すでに六十三歳。高嶋は覚悟を決めていた。

鶏声堂は、ほとんど姉の松枝が接客を行なっていた。平塚らいてうも、店をのぞきこんで、高嶋が店番をしていたら店を避け、松枝がいたら店に入ったと言っている。

松枝がいなくては、鶏声堂は立ちゆかない。高嶋も、六十歳になろうとしていた。子供たちは別な道を行き、後継者もいなかった。高嶋は店を閉めることにした。隣接する京北中学校が拡張工事を始めようとしており、どちらにしろ、移転を余儀なくされていた。併せて丙午出版社も、出版の権利を明治書院に譲り、経営者を引退することとなった。

松枝は、翌四月にこの世を去った。高嶋は店を閉めると同時に、東洋大学の近所から本郷へ引っ越した。開店を勧めてくれた井上円了はすでにこの世になく、老後の資金も十分にあったので、学者として余生を過ごそうと決めたのであった。

一九三四（昭和九）年三月、「聖典講義」という番組が始まった。朝、仕事の前に仏教や儒教、キリスト教などの聖典に触れてもらおうという番組であった。番組は、有識者が一週間から二週間にわたって、日曜を除く毎朝三十分、聖典の講義をする形式であった。この番組の最初の出演者に選ばれたのは、高嶋の強い影響を受けた友松圓諦であった。

友松の放送の反響は爆発的であり、最初は東京ローカルであったが、四月には全国放送になった。この「聖典講義」に、一九三四（昭和九）年の八月十三日から二十三日まで、高嶋も出演している。「遺教経《ゆいぎょうきょう》（抄）」と題して放送を行ない、大きな反響を受けた。「聖典講義」は一年後には「朝の修養」と改題され、不動の人気番組になった。「朝の修養」の平均世帯聴取率は、一九三九〜四〇（昭和十四〜五）年の段階で、東京市四七・九パーセント、大阪市四二・八パーセントであった。

「遺教経（抄）」の初日、高嶋は放送で次のように言っている。

ラジオの発明は、あらゆる文化に、最大級の貢献をしてくれているのでありますが、特に日本の仏教は、このおかげをもっとも多くこうむっているものの一つであると信じます。最近、「仏教復興」だの、「仏教ルネッサンス」だのということばさえ流行するほど、一般の人々が仏教に関心を持つようになったのは、その原因事情は、内にも外にも、いろいろあるのではありますが、ラジオの媒介が、あずかっておおいに力のあったことは、申すまでもありません。

（高嶋米峰『遺教経講話』）

十日間にわたるラジオ講義は、わかりやすくかみ砕いた内容であった。この「聖典講義」には、加藤咄堂のほか、諸橋徹次、暁烏《あけがらす》敏《はや》、椎尾《しいお》辨匡《べんきょう》など各界のさまざまな著名人が登場した。

聖徳太子の名誉回復運動は、千三百年記念法要ののちも続いた。放送でも、高嶋が聖徳太子について触れた回数は多い。そのなかでもっとも重要なものは、一九三六（昭和十一）年一月十一日から十八日まで行なわれた「聖徳太子の御生涯」という連続講演であった。時間は朝の午前七時三十分から二十分間、日曜を除く七回の放送であった。番組は「朝の修養」であり、全国放送であった。

一日目は、『日本書紀』の記述にも誤りがあると述べながら、聖徳太子が生まれたときの社会情勢などを説明した。二日目は、冠位十二階と十七条憲法について説明している。三日目は、『隋書』に書かれた「日出《い》ずるところの天子、書を日没するところの天子にいたす。つつがなきや」という言葉について説明し、小野妹子を優秀な外交官として紹介した。四日目は、聖徳太子の著作である『法華義疏《ほっけぎしょ》』『勝鬘経義疏《しょうまんきょうぎしょ》』『維摩経義疏《ゆいまきょうぎしょ》』について解説し、五日目は、四天王寺における貧民救済や、各地方の土木事業など、聖徳太子のさまざまな業績を紹介した。聖徳太子は神道の儀式や日本語も尊重したとしている。

六日目になると、内容は聖徳太子を少し離れる。高嶋は、世界の歴史は、混沌たる時代から分化の時代となり、やがて統一の時代へ進むと述べている。現在は分化の時代であるから戦争が絶えないのであり、平和の精神を養って統一の時代へ進むべきだと主張した。聖徳太子は「和をもって貴《とうと》しとなす」と述べ、やがて来る統一の時代を求めたとしている。

最終日の七日目は、これまでの内容を簡単におさらいしたあと、十七条憲法の第十七条「それ事は、ひとり断ずべからず。かならず衆とともに論ずべし」を解説した。最後に聖徳太子の薨去について説明し、永久に「理想的哲人」として讃仰《さんぎょう》されるべきだと締めくくった。

一九二九（昭和四）年の久邇宮薨去のときは、聖徳太子や法隆寺をまったく知らない人も念頭においてしゃべったが、一九三六（昭和十一）年になると、そうした言い方はしないまま、詳しい紹介を行なっている。この間に、聴取者や国民において、聖徳太子に関する理解がある程度進んでいたものと想像できる。「聖徳太子は偉人である」という今日の常識は、高嶋の力によって着々と広められていったのであった。

一九三八（昭和十三）年十月一日、店員法が施行となった。この法律により、どの小売店も午後十時までにはすべて閉店しなければならなくなった。これは店員の健康を考えて、長時間労働を事実上禁止する法律であった。

この法律に合わせ、日本放送協会は「店員の時間」という番組を新設した。午後十時から二十分間、第二放送の番組である。当時は東京市だけで六〇万人もの未成年が働いており、通学を許されていたのは、そのうちの一割にすぎなかった。彼らに、教育と娯楽の機会を放送で与えようという企画である。教養放送と娯楽放送を交互に行なうこととなり、放送協会の教養担当と娯楽担当が協力するという意味でも、はじめての試みであった。

高嶋は、この番組にも「店員はかくありたい」という題で、一九三八（昭和十三）年十月四日に出演した。みずからの経験を生かした全国放送であり、冗談を交えながら話したこの放送の反響は大きく、番組のスタートも順調なものとなった。

軍国主義への挑戦

一九三九（昭和十四）年四月二十四日から二十八日にかけて、高嶋はまた「朝の修養」に出演した。題は「国民性への反省」である。軍国主義化が進みつつあった当時の時世に、真っ向から反対した演説であった。

初日から三日間は「国民性」を硬直的に考えてはならないと述べ、中国文明や西洋文明をどのようにして取り入れてきたのか、日本の文化史を解説した。四日目は、日本の長所を述べるとして、明朗、誠実、無私、寛容、雄大の五点を指摘した。

最終日は、一番言いたかった日本人の欠点を述べた。日本人気質を徹底的に批判し、次から次へと日本人の気質や当時の時世を皮肉ったのであった。


第一、健忘症と申しますか、「人のうわさも七五日」ということわざさえあるくらい、日本人はもの忘れがはげしいのであります。手近なところで申しますならば、昨年の夏、警視庁は道路その他でタンをはいてはならないという規則をつくり、罰則までつけて東京府民に要望したのでありましたが、その後一、二カ月のあいだは、そういう野蛮な行為が減ったようでありましたが、今日では、あの規則の発布以前とほとんど変わりのないように、どこもかしこもタンで汚されております。

第二、依存的であって、自主的でないということであります。今日、蔣介石を欧米依存的だと言って笑っているのでありますが、日本だって長い間、欧米依存的な生活をしてこなかったわけではないのであります。今は国内だけの事柄についてでありますが、自治制が布かれて五〇年を経過した今日、どれだけ自治が徹底しているかと考えてみますに、国民大衆の多くは政府依存であり、官憲依存でありまして、官憲の声がかからなければ春と秋の大掃除さえ、自発的にはやらないといった調子じゃありませんか。

第三、「のどもと過ぎれば熱さを忘れる」。これも健忘症の一つかもしれませんが、履歴書をもって頼みにはくるが、就職が決まったとなると、はがき一枚よこさないというようなものもあります。困るときには哀訴歎願しておきながら、都合がよくなると道で出会っても素知らぬ顔をするなどという、忘恩背信の徒はいませんか。

（高嶋米峰『国民性への反省』）

最初は、日本の国民性の欠点を二、三述べるとしていたが、これで終わらなかった。第四にせっかちで短気、第五に公的観念が希薄である、第六に理想や目標を持たない、第七に低俗な余興にうつつをぬかす、第八に自国の文化や歴史を知らなすぎる、第九に迷信好きであると一気にたたみかけた。そして第十として、次のように言った。

第十、「武士は食わねど高ようじ」。それも意気地があってのことならば、たとえやせ我慢であっても、いくらか見どころがあるとも申せましょうが、いやに上品ぶって、のどから手が出るほど食べたいくせに、おつにすませて、食べたくないような顔をするという、妙な欠点があります。今次、事変発生以来、日本の政府が中外に向かって試みたたびたびの声明のなかの「領土的野心がない」とか「賠償金を取る意志がない」などというがごときが、すなわちそれであります。そりゃあ、外交上の礼儀として、一度はそんなことを言うのも、悪くはないとしても、同じことをたびたびくりかえすと、人はどう思うでしょうか。そこへ行くと、ドイツのヒトラーやイタリアのムッソリーニなどのやり口は実に痛快無比でうらやましいですなぁ。いきなりボカッとひとつなぐっておいて、しかるのちに、おもむろに「なぐるぞ」と言うのであります。日本の外交は、なぐるぞ、なぐるぞ、というかけ声ばかりで、ついぞなぐったことがない。いつも受け身で、よたよたしている。歯がゆいのなんのってありゃしません。抗議の国、日本。声明の国、日本。のろわれてあれ、とでも言っておきましょうか。

（『国民性への反省』）

長所を五つしかあげなかったのに対し、欠点は一〇まであげた。ヒトラーやムッソリーニまで例にあげて政府の政策を皮肉った。当時において、日本の政策をここまでおおっぴらに批判した人は珍しい。この放送に対するリスナーの反応は、賛否両論だったようである。

軍部のブラックリスト

ラジオで言いたいことを言い、皮肉も辞さなかった高嶋であるが、人気は衰えなかった。政治家以外ではもっとも人気のある放送講演者として、その後もラジオに出演しつづけた。ところが、一九四〇（昭和十五）年四月十六日を最後に、出演は急に減った。それまで一年に何度も出演していた高嶋が、この間だけ活動が極端に鈍ったように見える。本人は、ラジオ出演に嫌気がさしたとか、忙しすぎたと述べている様子はなく、重病など出演できなかった理由はない。

このころ、軍部は放送に適さないと思われる人物のブラックリストをつくり、それらの人物を出演させないように日本放送協会に圧力をかけていた。どうやら高嶋も、このブラックリストに載ったようである。初期の放送に多大な貢献をした高嶋でさえ、特別扱いはされなかった。高嶋の出演が急に減ったこの期間は、ラジオが軍国主義をもっとも煽《あお》るような放送をくりかえしていた期間と見事に重なっている。

戦争で混乱しているさなか、高嶋は東洋大学学長への就任を請われた。一九四三（昭和十八）年七月一日付で、高嶋は第一二代・東洋大学学長になった。今日でも、人名辞典の類《たぐい》は高嶋のことを「東洋大学学長」と記している。ラジオを抜きにすれば、確かにこれがもっとも重要な職務だった。

ところが学長の職も長くは続かなかった。当時は政府の意向で「学徒勤労動員」が行なわれていた。多くは肉体労働であり、学生にとって不慣れであるだけではなく、生活環境も劣悪なものであった。一九四四（昭和十九）年九月二十五日、卒業証書授与式が行なわれた際、一部の学生がこの問題を取り上げて、高嶋を非難する演説を始めた。「学徒勤労動員」について、このときの高嶋がどれほど実態を把握していたのかは明らかではない。高嶋は別室で暴行を受け、負傷した。周囲は再三にわたって留任するように要請したが、高嶋はこの騒動の責任をとって、十月いっぱいで辞任した。後任は、新仏教徒同志会の高島平三郎であった。

一九四五（昭和二十）年四月十三日から十四日にかけて、激しい空襲があった。焼夷弾二発をまともに受け、本郷の高嶋の家は完全に燃えてしまった。前もって疎開させておいた一部の家財道具と書類以外は、すべて失うこととなった。高嶋は、友人の助けによって東京郊外の三鷹に住むこととなる。そこが終焉《しゅうえん》の地となった。

連合軍の進駐を迎えて

一九四五（昭和二十）年八月十五日、玉音放送があった。しかし、戦争の終わりは理解できても、まだ人々の心の奥底にはくすぶるものがあった。これから日本はどうなるのか、みなが不安であった。敗戦を受け止め、連合軍の進駐を素直に受け入れるためには、さらなるラジオ放送が必要であった。白羽の矢が立ったのは、高嶋である。マッカーサーが来日した翌日、八月三十一日、高嶋のかん高い声がラジオから響いた。

譬えて申しますならば、大東亜戦争は、大東亜共栄圏というすばらしい子供を産まんがための努力でありました。そのために足かけ四年という長い期間、陣痛の苦しみに悩み続けて来たのでありましたが、不幸にして難産、非常な難産でありました。胎児を助けようとすれば、母親のからだが危ないというので、やむをえず一大手術を行なって、この生まれるべかりし大東亜共栄圏という玉のような男の子を、闇から闇へ葬って、かろうじて母親の生命をとりとめたのであります。

そこで、私どもの今後のつとめは、この衰弱しきって生命のあやうくなった母親の、健康を回復させるということに、全力をささげるということでなくてはなりません。そうして、この母親の健康が回復したあとに、さらに新日本という、桜のように美しく、梅のように気高い子供を産んでもらわなければならないのであります。

この新日本という子供こそは、道義的にも、文化的にも、科学的にも、芸術的にも、産業的にも、まさに世界最高の指標として、世界をして、瞻仰《たんぎょう》せしめる体のものでなくてはなりません。断じて世界に信義を失うような、不真面目なものであってはならないし、世界に軽蔑せられるような低劣卑俗なものであってもなりません。

（高嶋米峰『心の糧』）


高嶋の妻もかつて流産したことがあった。あるいはそれを思い出しながら語っていたのだろうか。

続いて「今さらではありますが、大東亜戦争はなんのために開始せられたのでありますか」と述べて、これまでのいきさつを回顧した。


しかし、遂に勝利は来ないで、四国共同宣言受諾の、詔勅《しょうちょく》の渙発を拝するに至りました。私どもの驚愕と悲歎とは、泣いても泣いても泣ききれないものがありました。泣いてすむことならば、涙の泉がかれるまで泣きもしましょう。死んですむならば、死んでしまいたいほどの衝動にさえかられたのでありましたが、人間には死にどころと申して、死んでよい時があり、悪い時があり、死なねばならぬ時があり、死んではならぬ場所があります。死なねばならぬという時には、ニッコリ笑って死んでゆくべきでありますが、生きていなければならぬあいだは、石にかじりついてでも生き抜かなければなりません。死ぬということは、そんなに難しいことではありません。生きるということのほうが、どんなに難しいかわかりません。場合によっては、人の股をくぐっても生きなければならない時があり、場合によっては桜の花の散るがごとく、いさぎよく散ってゆかねばならぬこともありますが、しかし、停戦の大詔ひとたび渙発せられました以上、私ども臣民は、ただつつしみ、かしこみて、大御心に随順したてまつるよりほかに、道はないのでありまして、断じて軽挙妄動は許されないのであります。承詔《しょうしょう》必謹《ひっきん》、ただこれだけが私ども臣民の歩むべき一本の道として、わずかにのこされているだけであります。

（『心の糧』）

さらに十七条憲法第三条「詔を承りては必ず謹め」を引用して、終戦の徹底を呼びかけた。終戦の「御詔勅」を強調し、次のように続けた。

私どもの現在および将来の心構えは、どうあるべきか。どうしたら、できるだけ早く、母親の健康を回復させることができるかと申しますに、それはなんと言っても、第一に、承詔必謹であること、前に述べた通りでありますが、ことのここに至ったのは、私ども臣民の努力が足らなかったためであり、真剣みが足らなかったためであり、反省が足らなかったためであり、懺悔が足らなかったためでありまして、その結果、かしこくも陛下は「五内《ごだい》ために裂く」とまで仰せ遊ばされるに至りましたこと、実に何とも申し上げようもないことでありまして、臣民私どもの不忠不信は言語道断でありまして、まことに恐懼《きょうく》に堪えないところであります。すなわち今後は、全身全霊をささげたてまつり、朝は御詔勅をいただいて起き、夜は御詔勅を抱いて眠り、御詔勅と共に働き、御詔勅と共に休み、御詔勅と共に歩み、御詔勅と共に生き、一日も早く、陛下の大御心を安んじたてまつらなければなりません。（『心の糧』）

「五内ために裂く」とは、玉音放送において昭和天皇が言われたお言葉であった。「五内」とは五臓六腑の「五臓」の意味であり、天皇はこれまでの戦争で死んだ国民やその遺族のことを思うと、内臓が引き裂かれるようだと仰せられたのであった。高嶋は、天皇の御心をそこまで苦しめたのは、われわれ国民の責任だと主張したのである。

高嶋の放送を最初期から聞いていた友松圓諦は、この放送ほど感慨深く聞いたものはなかったと述べた。日本でもっとも影響力のあった仏教啓蒙家、高嶋米峰。一世一代の演説であった。

戦後も高嶋は放送に出演したが、一九四九（昭和二十四）年十月二十五日、病気によりこの世を去った。葬儀委員長は、親友の下村宏が務めた。死去の知らせを聞き、浄土真宗本願寺派の門主であった大谷光照《おおたにこうしょう》は筆をとった。「超絶」の二字を書き、遺族に贈った。

考察——ラジオ啓蒙の開拓者

ラジオが登場する以前、大衆の英雄は演説家であった。たとえば、新仏教徒同志会メンバーの加藤咄堂が、新仏教運動の一環として一九〇七（明治四十）年一月三十日に大阪中之島の講堂で演説を行なったとき、二五〇〇人の聴衆が集まった。加藤は二時間もの長きにわたって声を張り上げ、聞く者すべてを魅了した。彼の名は大阪中に広まることとなった。

今日では、顔も知らない人の演説を聞くためだけに二五〇〇人もの人が集まることは、ほとんどない。しかし、このころは、「有名な演説家が街に来る」という告知や口コミだけで、これだけの人が集まった。ラジオもテレビもない時代、雄弁家の演説こそ人々の耳を楽しませるものであり、心を揺さぶるものであった。のちにラジオ放送が開始されると、こうした演説家がラジオに登場するようになる。高嶋や加藤は若きころ演説家として活躍し、ラジオ放送が開始されるとラジオ演説家として活躍したのであった。

「引導を渡す」という仏教用語は、今日では一般的な言葉として定着している。広めたのは高嶋であると言われている。「物心一如」「迷信の打破」「諸行無常は生成発展の法則」「商業とは世の人を真人間にすること」など、高嶋は個性的な概念や考え方をラジオで広めた。思想家としては、恩師であった井上円了の忠実な弟子であり、友松圓諦のよき先達者であった。そして、なんと言っても最大の功績は、それまで一般には逆賊と思われていた聖徳太子の名誉回復に成功したことである。彼の思想を広めるのに、ラジオ演説は非常に効果的であった。

仏教とラジオは相性がよかった。僧侶の説法を聞くのが在家の仏教である。説法はスピーチとなり、ラジオによってさらに広まった。明治大正期に多くの演説会を開き、無僧、無寺院、無儀式主義と超宗派を標榜《ひょうぼう》した新仏教徒同志会は、結果的にラジオの教養放送を準備したと言える。

また高嶋は、みずからの実業経験から、近代資本主義社会で一生懸命に働くことを仏教的な修行や社会改善運動の一環と位置づけた。近代資本主義の開始によって、都会の人々は、それまでと働き方が大きく変わった。これを精神的な面から積極的にとらえようとしたのである。

今日、会社で働くことを人生における重要な学びや社会貢献と考える経営者は多い。これをラジオで国民に訴えつづけた高嶋の功績は、改めて評価されるべきであろう。

一方、これほど人気があり、初期放送に多大な貢献をした高嶋が、太平洋戦争のさなか、放送から遠ざけられたことは、どう考えるべきか。高嶋は愛国主義者であり、決して反国家主義者ではなかった。しばしば言いすぎるたちではあったが、常識のある人だった。一九四〇（昭和十五）年から終戦にかけて、日本の放送がいかに異常であったかは、高嶋の活動が希薄であることによって、明白に浮かび上がってくるのである。

第二章　時代の寵児　友松圓諦

友松圓諦とは

講談社の『日本人名大辞典』で「友松圓諦」を引くと、次のように書かれている。

昭和時代の仏教学者。明治二八年四月一日生まれ。宗教大（現大正大）、慶大を卒業。昭和九年ラジオで「法句経講義《ほっくきょう》」を講義し大反響をよぶ。同年高神覚昇と全日本真理運動をおこし、一〇年『真理』を創刊。

朝日新聞社の『現代日本朝日人物事典』は、次のように紹介している。

三四年ラジオ放送した「法句経講義」が仏教復興ブームを起した。その反響から高神覚昇と全日本真理運動を創設、宗派を超えて賛同する者が多く、全国に約一〇〇〇の支部ができた。

どちらも、友松のラジオ放送によって「大反響」や「ブーム」が起き、全日本真理運動につながったと紹介している。現代では、どれほどすばらしいラジオ番組を放送したところで、「大反響」や「ブーム」など起きない。しかし、友松が世に出た一九三四（昭和九）

年は、ラジオによって社会運動が起きた時代であった。今日では想像しにくいが、当時はラジオが社会に対して絶大な影響力を持っていたのである。友松はそうした社会情勢にあって、「時代の寵児」とも言うべき人物であった。

世に出る前の友松

友松圓諦は一八九五（明治二十八）年四月一日、名古屋市中区矢場町若宮裏、現在の若宮八幡社の近辺で生まれた。父の勝次郎について圓諦は「米穀小売商と精米工場とをかねていた」と述べている。友松自身も、やはり私は商人の子だと言っていた。生家の宗派は真宗大谷派であった。

友松は、一九〇四（明治三十七）年十二月十三日、満九歳で叔父が住職を務める浄土宗の安民寺に跡継ぎとして養子に出された。のちに大人になっても、養子に出されていったときの光景は、はっきりと覚えていると述べている。

寺の場所は当時の住所で東京市深川区三好町（現・江東区三好）であり、あまり裕福な寺ではなかった。少年のころは寺での生活が嫌で、医者になって寺を出ようと考えた。しかし本人によれば、成績が足りなかったので医者にはなれなかったという。

友松は、宗教大学（現・大正大学）で学んだ。恩師は、新仏教徒同志会の渡邊海旭であった。在学中、友松は足かけ二年にわたって近衛歩兵第二連隊へ入隊した。のちの友松は、「仏教の狙うところは軍隊の狙うところと同じだ」と述べている。

卒業ののち、さらに慶應義塾大学で学んだ。ちょうどこのころ、義兄が死去し、義兄が持っていた蔵書が友松のものとなった。この蔵書のなかに含まれていたのが、雑誌『新仏教』である。大いに啓発された友松は、以後の人生において新仏教運動を継承し、発展させる運動を起こすことになる。

慶應義塾大学文学部を卒業する際、成績は三番であった。のちの演説で、しばしば友松は言っていた。

「私は、慶應義塾大学を優秀なる成績で卒業しました。三番で卒業しました。当時は、生徒が四人しかいませんでした。四分の三の成績だから、いかに優秀かわかろうというものです」

卒業後は、慶應でドイツ語の非常勤講師などをしながら研究を続けていた。このころ、『法句経』をはじめて人前で講義したという。

友松の日記には、一九二五（大正十四）年三月十一日「夜ラジオを聞いて帰る」とある。おそらく、これが友松とラジオの出会いであったと思われる。

同年七月、三十歳のとき、友松の大学時代の後輩が浜松にいて、友松に出張講義を頼んだ。友松は東京から出かけていって講義を行なった。本人はのちに、次のように回顧している。

「私みたいなチンピラに講義を頼むなんて、行くほうも行くほうだが、呼ぶほうも呼ぶほうだ」

しかし、この講義は本人が思っていた以上に好評であった。

「俺も話せるなと思ったんですよ。これが病みつきの始まりでした」

以後、仏教啓蒙家として、多くの聴衆の前で話す雄弁家として、大いに活躍するのであった。どうやら友松は、天性の雄弁家だったようである。

一九二六（大正十五）年、大阪放送局でラジオに出演した。一九二七（昭和二）年七月にも、名古屋放送局で出演している。この二回の出演に対して、特に大きな反響はなかったようである。

友松の寺には藤井栄三郎という篤志家がいた。友松を自分の子供のようにかわいがり、勉学のための資金を提供していた。この藤井の援助により、友松は一九二七（昭和二）年末からヨーロッパへ留学することになった。形式上は、大正大学と慶應義塾大学の留学生であった。留学の目的は、初期仏教の研究であった。

友松は、ハイデルベルク大学で、カール・ヤスパースやカール・マンハイムに学んだ。

さらにフランスへ渡り、ソルボンヌ大学でシルヴァン・レヴィにも教わった。特にレヴィに会ったことは、大きな刺激だったようである。レヴィは、友松に言った。

「わざわざ古代インドの勉強をしているけれども、そんなものは、充分な資料はないんだ。日本に帰ったら、明治関係の仏教資料を集めてみたらどうか」

ヨーロッパへ行くことで、かえって日本仏教の価値を再認識することとなった。帰国後は、研究と講義の毎日であった。戦後、友松は『月照』を書く。月照とは、京都清水寺の住持であり、西郷隆盛と一緒に入水《じゅすい》自殺した僧侶である。このとき、西郷は奇跡的に一命をとりとめている。

十五日間の「法句経講義」

日本放送協会の編集による一九三五（昭和十）年版の『ラヂオ年鑑』は、次のように述べている。

「聖典講義」は昭和九年の放送史を飾る一大収穫である。その成功はラジオの教養プログラムに新紀元を劃《かく》したのみならず、ラジオの声価を高からしめ、またその放送記録の出版は洛陽の紙価を高からしめている。すぐる三月東京地方でこの放送を始めた当時、誰が今日の成功を予期したであろうか。一般社会も大した関心を示さなかったし、この放送プラン作成者も恐らくはそんな大きな期待をかけていなかったにちがいない。

一九三四（昭和九）年三月から放送が始まった「聖典講義」は、ラジオ史における一つの事件であった。この番組の最初の出演者を務めたのが友松である。

二月の中旬、第一書房で仲間の将棋の観戦をしていた友松へ、日本放送協会放送部長であった矢部謙次郎から会いたいという電話があった。矢部は埼玉の川越出身で、寺に生まれ育った人であった。翌日放送協会へ行くと、三月一日から日曜を除く二週間、毎朝午前八時から三十分、仏典の講義をしてほしいという依頼があった。

友松は十五日間『法句経』について放送を行なった。原稿を読まず、メモを片手にアドリブで講義を行なった。

放送の初日、友松は次のように話を切り出した。

ご紹介を受けました友松であります。きょうから一七日まで一五日間にわたって法句経の講義をいたすことになりました。きょうはその法句経の第五番についてお話をする考えであります。しかし、ここで突然、法句経と申してもおわかりにくいことでありますから、一言、法句経について申し上げます。

法句経と申しますのは原本ではダルマパダと申しております。ダルマというのは、普通いう達磨、真理のことです。パダと言いますのは、英語にもドイツ語にもやはり同じような言葉がありまして、「道」とか「道跡」というような意味もあります。そこで、ダルマが真理ですから、ダルマパダというのは「真理の足跡」つまり、真理の数々を集めたものです。支那人はそれを巧みに翻訳いたしまして『法句経』といたしました。お経と言いましても、この『法句経』は四二三の詩句からできておりまして、きょう講義いたしますのは、そのうちの第五番であります。（友松圓諦『法句経講義』）

『法句経』の第五番とは、怨みを持たないことが大切であるという釈迦の主張である。この日の放送は「怨み」がテーマであった。

いろんな場合があります。「ああまで面倒見てやったのに、なんという男であろう。いつでも私にからむ。もっと素直に言えばよいものを、何ごとにかかわらず、すぐこう逆に逆に取ってゆく」というような場合があります。

ここが面白いと思うのですが、怨みというものは素直に表を見ていかないで、裏を、裏を見ていくことなんでしょう。静岡県には清見潟という名所があります。そこの清見潟商業という学校で話したことでありますが、「清見」ということは非常に清らかな、素直なものの見方、ありのままを、そのままに見てゆくことです。これと反対に、怨みという場合には、自分の心の中に色眼鏡をかけて、逆に逆に、裏を裏を見てゆこうとする。どんなに素直に言っても、「あれはああいう風に口で言っているけれど、実は本心ではこうではないだろうか」というように、万事、非常に陰性にものを考えてゆく。逆にくねっているのです。

こういうようなもののゆがんだ考え方が出てまいりますと、小さい角度が先に行きますと、大変大きい開きが出てくるように、この怨みというものは段々高じてゆきますばかりで、しまいには、これをひとり心のうちにひそめてゆくことができず、じっとしてはおれぬような、「何とかしてあの怨みを晴らしてやろう」とか、「自分の目の黒い間に一身を犠牲にしてもこの怨みをかえさなくてはおかない」、そういう恐ろしい考え方が心の一隅に用意されます。

晴れやかな美しい着物を着ているご婦人の胸の中は、こうした怨みの炎に燃える。やわらかい絹の布団におやすみになっている方にも寝付きえない怨みはあるだろうと思う。こういった心臓にささったトゲのような、怨みというものをどう抜いてゆくか、ここが私どもの問題であります。

（『法句経講義』）

友松は、その講義のなかに「素直」という言葉を多く使った。怨みをどう解いてゆくかについて、子供のように無邪気になることが大切であるとした。

子供の気持ちとは自然の気持ちです。どんなに心の土蔵に怨みをつつんでいる人の家にも、春になれば梅の花は咲いてきます。どんなに腹立たしい心をもった人の縁側でも、南向きであれば日なたぼっこができる。日も月も無心に照る。自然、山水、草木、そういったものはいつでも無心ですから、自然の気持ちになぞらえて、そうしたあわれゆかしい気持ち、水がさっさと流れてゆく、あんな気持ちになってしまうというと、怨みなどという深く高ずる気持ちを捨ててみようという無心の気持ち、いままで怨んでいた人の前に素直な気持ちになってゆきさえすれば、それは怨みを解く一つだと思います。

仏教ではそれを等心といいます。みんな平等な、傾かぬ心で行けと申すのでありまず。船が静かな湖の上を走るように、偏らず、傾かずに行くのです。「あの人は私を怨んでいる。だからあいさつする時には、よほど気をつけて、丁寧に、お早うございますと言ってみよう」などと考えたところで、わざとらしい丁寧なことばを使ってもダメだ。なんにも屈託しない気持ち、ことさらでない気持ち、そういった態度でおじぎをする、普通にあいさつする、そういう気持ちになって行けば、自然と和らいで行くだろうと思います。

（『法句経講義』）

二日目は素直な心になることによって、人は本領を発揮できると説いた。三日目には、死の問題を説き、四日目は人間に生まれるありがたさを講義した。

聞く者を引きつける友松の話し方は、多くの聴取者を魅了した。放送が終了する前から、放送協会へ大量の手紙が届いた。『法句経』の講義はそれ以前から行なっていたので、本人としても自信があっただけではなく、ヨーロッパで数年暮らし、話し方が西洋風になっていたことも反響を呼んだ要因ではないかと友松は言っている。

七日目、友松は釈迦の「悟り」について、次のように説明した。

釈尊は文学者でも、単なる詩人でもない。その自然の景色を、美しい韻を踏んだ詩につくることが彼の職業であったわけではない。ある時などは、自分は食物のために詩をつくる人間ではないとさえ言っておられます。ですから彼は決して詩作に満足するものではない。そのことはキリストも立派な詩人ではあったが、何か説教の比喩になるような材料はないか知らんと、頭を右に左にめぐらして自然を眺めたのではない。おのずと、芸術的に、そして宗教的に、詩人味をもった釈尊の眼に自然の風景が映ってきたにすぎません。

そうしてその素直な心をもって、自然の中から「ここだな」という大きな問題、人生の意味を看取された。仏教流で申しまするとと飛花落葉の中に悟りを見出す。ヒラヒラと散る花や葉の中に、素直な自然のやわらぎの中に、悟りを見出す。したがって、彼はしばしば野辺に咲く一輪の名も知らぬ花に、また空行く白い雲に、あるいは流れゆくところの水に、さえずる小鳥に、そういったすべての自然の前に、敬虔な、合掌したいような心持をもたれたようです。

（『法句経講義』）

釈迦とキリストを同格の聖人として扱い、「悟り」を「素直な心になること」と解釈した。これらは、友松の真骨頂とも言うべき思想であった。

八日目、友松は労働者に呼びかけた。ただ毎日食べるためだけに働くのではなく、働くことにこそ生きる意味を見出すべきだと訴えた。

なぜ労働者に、会社員に、充実した生活がありえないか。そうした毎日何時間かの働きの中に、せめて小学生が一年より二年と上がってゆくように、昨日よりはきょう、きょうよりは明日、明日よりは明後日というように、だんだん自分を充実させて、世間のお役に立つというような気持ちをつくって行くだけの努力があって悪いだろうか。

その日の労働に疲れている人には、無理な注文だと思いなさるかは知らぬが、自分を充実させて行くことなしに、どうして幸福な生活がありうるだろうか。働いているということが、そのまま自分の趣味にかなった道楽になりうるように、一生かかって努力しようではありませんか。また、労働することが、そのまま自己修養への努力になりうるようないい制度にすることが大切だ。

もとより何ごとも、ひと飛びにできるものではない。さらに制度を改善したとしても、どうしたってこの制度を生かして行くところの心がけが不断に必要だ。この心なくして百の改善を行なっても何にもなるものではない。「自分は何がために生まれてきたか、この世の中に何をなすべきや」ということを、それくらいのことを知らない人々であったならば、それはどんなにいい制度に改善したところで、その制度を悪用するだけのことだ。どうしたって物と心の両面から行かねばダメだ。

制度の改善とともに、どうしても昨日よりきょうというように、自分の人格が進んで、菩薩の位が進んで行くように、労働生活を味わって行かなければならぬ。かくしてはじめて、食うために働いている者が、やがて伸びるために働くのだという意識に変わる日があるだろう。どうか八時間の労働時間をいい修養のタイムだと考えてください。

（『法句経講義』）

友松は、労働の時間を「修養」の時間だと主張した。この思想は高嶋が創始し、友松が受け継いで発展させた思想であった。経済活動という物質面と、修養という精神面を一致させようとした高嶋は、「物心一如」という言葉をつくった。この言葉は、友松も主張している。十三日目、友松は悟りへの道はたくさんあると次のように述べた。

形式はどの形式でなくてはいけないというものではない。悟りへの道はたくさんある。形式はみずからで工夫、発明、研究することです。日に日に、時に時に変わっていって良いのです。いな、変わらずには生命ある形式とはなれないのです。

本当に力ある宗教生活というものは、魚を食っても食わんでも、山にいても町にいても、一人でいても、二人でいても、そんな形式、型にとらわれるべきでない。法然上人は「ただ念仏の申されんようにすべし」と言われた。念仏の申されんように次から次へと新しい型をつくって行くのです。昨日の型にとらわれないで、次なる新しい型をつくって行くのです。

心から衣を着たいときには素直に衣を着る。衣の本当の味がわかるようなときには、その型の中で心が感激している。何の名人でも、名人天才と言われる人々は、型にとらわれず、型をつくって行く。心の感激と生活形式、生命と形式、心と物。心と境とが一致した境地、何の無理もない物心不二、物心一如、これが仏の境地だ。

（『法句経講義』）

二週間の講義の反響は、放送関係者の予想をはるかに超えるものであった。会社勤めをしていたある女性は、次のように証言している。

ラジオから流れて来る法句経講義に出勤時の私の足は釘付けにされてしまった。今まで何も知らず関心すらなかった私は、仏教がこんなにも身近な教えであったかと驚嘆した。会社へ出勤すると、社内は先生のお話でもちきりであった。

（『人の生をうくるは難く　友松圓諦小伝』）

友松は、一躍大衆の耳目を集める存在となったのであった。

高神覚昇の登場

友松の放送は東京ローカルで行なわれた。「聖典講義」はその反響を受けて四月には全国放送になった。続いてこの番組に登場したのが、高神覚昇であった。

高神は一八九四（明治二十七）年十月二十八日、愛知県の生まれであり、真言宗智山派の僧侶であった。友松と同世代である。京都の智山大学（現・大正大学の前身のひとつ）で西田幾多郎《にしだきたろう》に師事した。一九二二（大正十二）年に高神が『価値生活の体験』を出版した際、西田が序文を書いている。

高神は一九三四（昭和九）年四月三十日から五月十二日まで、「聖典講義」に出演した。題は「般若心経講義」であった。

初日、高神は『般若心経』とは、正式には『般若波羅蜜多心経《はんにやはらみったしんぎよう》』と言い、「般若」とは智恵を意味し、「波羅蜜多」とは彼岸に至る、つまり「ゴールインすること」であると説明した。「心経」の「心」は肝心要の意味であり、「経」とは「聖人の説いたもの」としている。

初日の最後は、次のようにまとめた。

これを要するに、『心経』すなわち『般若波羅蜜多心経』というお経は、「人生のゴールはいずこにあるか」「いかにしてわれらは仏陀の世界へ到達すべきか」「仏陀の世界へ到達した心境は、いったいどんな状態にあるのか」ということを、きわめて簡単明瞭に、説かれたお経であります。こうした意味で、昔から、この『般若心経』をば『智度経《ちどきょう》』と訳されていますが、とにかく、この『心経』は決して抹香臭い、専門の坊さんだけが読む、時代遅れのお経では断じてありません。本当の真理とは、真理の智恵とは、どんなものであるかを、端的に教えてくれる、永遠に古くして、しかも新しい聖典が、この『心経』です。少なくとも真に人生に目覚め、「いかに生くべきか」の道を考えるならば、何人もまず一度はどうしてもこの『心経』を手にする必要があります。本当に、私どもの世の中に、こんな簡単にして要を得た聖典は、断じて他にないと思います。私どもは『心経』をきっかけとして、人生とは何か、われらは、いかに生くべきかの道を、みなさんと一緒におもむろに味わって行きたいと存じます。

（高神覚昇『般若心経講義』）

『般若心経』は、ほとんどの宗派で使われる有名なお経である。「いかに生くべきか」という新仏教の思想は、明白に高神が受け継いだのであった。高神は『般若心経』を新仏教の観点から解釈して説いたのである。

高神の名調子によって、この連続放送も大きな反響があった。十二日間続いた放送の最終日、高神は次のように述べている。

『心経』の最後にある、この「揭諦《ぎやてい》、揭諦」の四句の真言は、こういうふうに解釈すればよいかと思います。「自分も悟りの彼岸へ行った。人もまた悟りの彼岸へ行かしめた。あまねく一切の人々をみな行かしめ終わった。かくて我が悟りの道は成就された」。

すなわち一言にしてこれを言えば、「自覚、覚他、覚行円満」ということです。すなわち「自ら悟り、他を悟らしめ、悟りの行が完成した」ということで、それはつまり仏道の完成であります。しかもその仏道の完成こそ、まさしく人間道の完成でありますす。したがってこの四句の呪文は、単に『心経』一部の骨目、真髄であるのみならず、実に、八万四千の法門、五千七百余巻の、一切の経典の真髄であり、本質でもあるわけです。換言すれば、大小、顕密、聖道浄土、仏教の一切の宗旨の教義、信条は、みなことごとくこの四句の真言の中に含まれているのです。

(『般若心経講義』)

この「聖典講義」には、七月十六日から三十一日まで、加藤咄堂が出演して「菜根譚《さいこんたん》講話」を話した。八月十三日から二十三日まで、高嶋米峰が「遺教経（抄）」を話した。どの講義も大きな反響を呼び、それらの筆記録が、おのおの単行本として刊行された。

友松は、十月十五日から三十一日まで「阿含経《あごんきょう》講話」を放送した。一年間の「聖典講義」のなかで、二度にわたって出演したのは友松だけであった。「聖典講義」は開始から一年後に「朝の修養」と改題され、人気番組になった。一九三五（昭和十）年版の『ラヂオ年鑑』は次のように述べている。

働けど働けど生計の楽にならない農村、ジャズに踊るネオンの灯影、放浪者の群を見る都会、富むと貧しきと生活の相は異にしているが、人々はみな悩んでいる。生活苦からではない。ただ漠とした焦燥と不安に駆られたはかなさ、頼りなさの孤独感からである。あこがれの物質文化はちまたに華と咲いているが、魂を失える放浪者の孤独感を消すゆえもない。何か頼るべき力を得たい、空虚な心に充実感が欲しい。物質への欲望で心眼を盲した民衆は、今やひとしく「安心と悟道」にあこがれているが、かつての魂の安息所たりし宗教の殿堂は、奥深く香煙に隠れて民衆への扉を閉ざしている。

この時、暁の鐘をつくラジオの『聖典講義』、名僧知識の打ち鳴らす魂の警鐘は確かに救済であったに違いない。げにラジオは時代文化の華であり、もろもろの美わしきもの、善きもの、真なるものを惜しみなく皆人に与えている。かつてカビ臭い書斎に、貴族趣味のサロンに閉ざされていた知識の宝庫は大空に開け放たれた。

真理運動の開始

ラジオ放送の反響を受け、第一書房から雑誌を刊行しようという提案があった。中心となったのは友松と高神であった。話しあいの結果、雑誌の刊行は独自に行なうことにした。友松を援助する藤井栄三郎も後押ししてくれた。当初の中心メンバーはこの三人のほかに、松岡譲《ゆずる》と江部《えべ》鴨村《おうそん》がいた。

一九三四（昭和九）年九月一日、銀座に事務所を構え、大日本真理運動の発足とした。翌年一月の『真理』創刊号までは、第一書房発行の雑誌『セルパン』で運動の紹介を行ない、全国に支部をつくるように呼びかけた。『真理』創刊までの四カ月あまりの間に全国で一〇〇〇ほどの支部ができた。

運動の目的について友松は述べている。

「一言で言えば、すべての人々に人間生活の指導原理を与え、人生の価値に目覚めさせたい。おそかれ、早かれ、誰かによって起こされねばならない運動であった」

また、真理運動は、高嶋米峰らによる新仏教運動を、昭和初期において再興する運動であったと述べている。新仏教徒同志会のメンバーが初期のラジオ放送に多く出演したことによって、仏教復興の気運は高まりつつあった。友松らによる真理運動は、この気運を実際の活動に反映させる意味があった。友松が「法句経講義」を放送する前から、こうした運動を待望していた人も多かったようである。

真理運動は各地方で支部をつくり、支部では演説会や座談会を開いて日々仏教的な反省が話し合われた。また年に一回、富士山麓の山中湖畔で指導者が集まって合宿を行なった。この合宿では、どうすれば運動が活発になるかが話し合われ、その成果は各支部で生かされた。合宿の様子は、次のように紹介されている。

五日間の結衆生活を簡単にしるせば、まず午前四時半木柝の音とともに起床、講師とともに普請行に移り、朝の爽涼の中に長養行をつとめ、五時より厳粛な晨朝勤行に入り、友松・高神両師が交互に暁天講話を行ない、六時半朝食、八時より講義、十一時半時食、午後一時よりふたたび講義に入り、衆議会によって真理運動の実践について意見を闘わせ、教育者、教役者、実業家、農村人、女性、等の各種連盟の協議会と行動方針を決定。午後三時より六時までの長養、無垢両行ののち夕食をしたため、食後経安、軽行と称して思い思いに森林や湖辺を逍遥してしずかな信仰のものがたりにふける。
夕風の訪れとともに一同は演習と衆議に時を忘れ、午後九時のタイムとともに初夜坐禅ののちに就寝。

（『真理』一九三五年九月号）

合宿の大半は講義や討論であった。合宿の参加者は、教育者や宗教家、実業家など指導的立場の人が多かった。

全国大会も年に一回開催された。第一回は一九三五（昭和十）年十一月二十三〜四日、東京の日比谷公会堂と日本青年館で催された。この全国大会には、四〇〇〇人もの人が参加したという。初日の日比谷公会堂では、真理同信聖歌の斉唱、開会の辞、大会宣言の朗読、各地方同信の挨拶、高神と友松の演説があった。それらが終わると、車三〇〇台で日本青年館へ移動し、友松らの法話のあと、各地方同信の活動報告があった。二日目は日本青年館で聖歌斉唱のあと高神の法話、総会、職業別の部会（商工業、婦人、教育者、教役者、医師、交通関係、学生の七部会）があり、地方別部会も開催された。閉会の辞のあとは晩餐会があり、二〇〇名が参加した。

数々のスキャンダル

メディアはラジオ出演のほかに、月刊誌『真理』が中心的な存在であった。創刊号の総発行部数は五万部であり、やがて正会員だけに発行する形式となった。ラジオは出演するだけではなく、有意義な番組があると、みなで聞くように呼びかけた。

正会員は「同信」と呼ばれ、二万五〇〇〇人以上を集めた。若者や女性が比較的多かったとも言われている。また、教師や経営者、僧侶や医者といった社会的地位が高く、周囲に影響力を持つ人も多かった。これらを考慮すると、実質的に真理運動の影響下にあった人の数は、かなりの数にのぼると思われる。

友松の名声が急激に高まったため、外部から攻撃する者も現われた。友松が、「浄土とはあの世にあるのではなく、この世にあるものだ」と主張したため、仏教界は強く反発した。また、友松のゴーストライターが書いた論文に盗作のあったことが発覚し、スキャンダルに発展したこともあった。これを機に真理運動の幹部でも友松に離反する一派が現われ、運動を離脱して対立した。当時出版されたある本は、次のように友松を攻撃している。

彼は人気者であるに過ぎない。彼が決して真剣な学究の徒でもなければ、真摯な求道者でもないことは、今はあまりにも良く人の知るところである。と言って、社会悪に対して断固として立ち向かう真理の徒でもないことはもちろんである。彼のいわゆる真理運動は、名利のための運動であり、またその運動のための真理であるに過ぎない。出版事業のための雑誌『真理』であって、真理のための雑誌ではないのである。

（山本泰英『照破されたる友松圓諦真理運動の全貌』）

この書には、友松に不倫の子がいるとか、ヨーロッパに留学した際に、娼婦から性病に感染したとか、にわかには信じがたいことが書かれている。確かに二枚目の友松は、行く先々で女性の視線を集めた。これに尾ひれがついて、事実無根のスキャンダルが次々とでっち上げられたようである。友松は、それだけ大衆の注目を集める存在となっていた。

真理運動が特に盛んだったのは、大阪であった。友松も大阪を重視し、ほぼ一月に一回は大阪を訪れて熱心に講演を行なった。当初、大阪での反応は薄かったので、友松も懐疑的な面があったが、やがてめざましい勢いで真理運動は盛り上がっていった。

大阪で活動をしていたある幹部は、次のように証言している。

東京に比べて小さい都市であるからかもしれないが、真理運動の浸透は著しく、ある時、友松先生と市電に乗ったところ、一斉に乗客が席を立ってあいさつされたのには驚いた。

（『人の生をうくるは難く　友松圓諦小伝』）

大阪では、洋食レストランとして有名だった野田屋が特に熱心に参加した。大阪市内一律一円の運賃を売り物にした「円タク」の創業者、松永定一《さだいち》も友松の弟子となった。大阪ではほかに、鞄商の松崎商店、東淀川の武田製薬試験所、鐘紡の淀川工場、三越大阪支店、大阪日赤病院、住友鋼管、住友金属、大阪毎日新聞など、多くの企業や団体が真理運動を支持したのである。

雄弁家たちの話し方

雄弁家として知られた友松は、話し方についても熱心に研究していた。高嶋米峰や加藤咄堂の話し方を若いころから聞いていたことも大きかった。本人は、これらの先輩の話を確かに聞いたが、聞いたのは内容であって話し方ではないと言っている。

上手な話し方のコツについて、友松は言っている。

「聞いている人の気持ちに入りながら、自分で良い気持ちになることが一番聞き良いと思う」

友松は、演説や講話において「ええ」とか「ああ」とかいう声は、なるべく出さないようにしていると述べている。何か口癖のような言葉があると、聞いている人はそれが気になり、肝心の内容に注意がいかないようになるというのである。

友松によれば、当時のラジオ出演者は、不自然な抑揚や節回しをつけて話す人が多かったという。今日よく知られている例では、玉音放送における昭和天皇の抑揚が有名であろう。このような抑揚や節回しをつけないで話せる人は、プロのアナウンサーや一部の雄弁家に限られていた。また、こうした放送が多かったため、聴取者が出演する側に回ったときも同じような抑揚や節回しをつけてしまっていた。

ラジオ講演に関して、友松は講堂などで大勢の前で話しているところを中継する場合を除いて、演説調の話し方をしてはいけないと言っている。むしろ一対一で友人に語りかけるような話し方が望ましいとしている。

友松は、日本の代表的なラジオ演説家として、東京市長や拓務大臣などを務めた永田秀次郎のほかに、下村宏、高嶋米峰、加藤咄堂をあげている。友松自身は、メモ程度のものを用意するだけで、ほとんどアドリブで話していた。これは高嶋と同様の方法である。高嶋は自身の話し方について、マイクの向こうに人形か何かを置き、それを説き伏せてやるという気持ちで話したという。

永田は完全原稿を事前につくって、それを読み上げる方法で話していた。永田は一分間に二〇〇字を目安にしていたという。やや早口であった高嶋や友松に比べれば、かなりゆっくりとした話しぶりであった。

下村は、メモをつくり、それを暗記して目をつぶって話していた。メモをつくるのは、話す量を事前に調整するためである。目を閉じて、大勢の聴衆が目前にいる様子を思い浮かべながら話しかけていたと述べている。

加藤は、五分くらいの短い演説の場合は、原稿を書いてみることもあった。しかし、基本的にはメモ程度のものを用意して、あとはアドリブで話していたらしい。加藤は雄弁法に関する著作を多く記しており、雄弁法の研究家でもあった。状況に応じて駆使するテクニックは非常に多彩であり、どのように話していたかは一概に言えないようである。

当時の多くのラジオ出演者は、原稿読み上げ型であった。高嶋、友松のようなアドリブ型は少数派である。永田の方法は、事前の練習が可能であり、放送も時間どおりに終えることができたので、素人のラジオ出演に好都合であった。

高嶋、下村、友松は、男性にしては声のトーンが比較的高かった。ラジオ演説で人気を集めた松岡洋右や東條英機も同様である。高嶋は特にかん高い声だった。当時主流であった真空管ラジオは、「真空管サウンド」と呼ばれる独特の音であり、高音は鮮明だが、低音ははっきりと聞こえないものであった。声のトーンが高いほうが、「マイクに乗る声」

なのである。テレビ時代の政治家は容姿が良いほうが有利なのと同様、真空管ラジオ時代のラジオ出演者は、声のトーンが高いことが人気を集める必要条件だった。

また、声のトーンを上げて話そうとして、出演者はしばしば絶叫調になった。ヒトラーが声を張り上げて絶叫調で演説したのも、そのほうが大声になるというだけではなく、真空管ラジオでは言葉がはっきりと聞き取れたからである。昭和初期が、指導者たちによる絶叫調の時代であったのは、真空管ラジオの時代であったことと無関係ではないだろう。

その後のラジオ出演

一九三四（昭和九）年の「法句経講義」と「般若心経講義」で一躍有名になった友松と高神は、その後もラジオに出演しつづけた。友松は、一九三六（昭和十一）年四月に大阪から連続放送をしたのち、数カ月にわたって毎週日曜日ラジオ講演を行なった。また、一九四一（昭和十六）年二月二十七、八日、「宗教と現代生活」という題で、「朝の修養」に出演した。

真理運動の副代表格となった高神は、一九三八（昭和十三）年三月に「朝の修養」で、「日本精神と仏教」という連続講話を放送した。一九四一（昭和十六）年三月二十一日には東京から海外の日本人に向かって「故国の彼岸」を放送した。また、同月二十四〜六日には「朝の修養」で「父母恩重経講話《ぶもおんじゅうぎょうこうわ》」を放送している。太平洋戦争の直前で軍国主義が強まっていた情勢であり、仏教は日本の国体に反する、という指摘があった。これに対し、日本放送協会は、高神に『父母恩重経』の放送をして欲しいと依頼した。お経を指定して依頼したことは珍しく、この放送は、久しぶりに大反響を巻き起こした。

「父母恩重経講話」の二日目、高神は言った。

いったい世間には子供のない人はある。だが、親のない人間、親をもたぬ人は、一人もない。それなのに、世の中には、自分一人で生まれ、一人で育ち、一人で大きくなったと思っている人間が随分ある。しかし、それこそ文字通り認識不足である。私どもは断じて一人で生まれたのではない。一人で育ったのではない。一人で大きくなったのではない。みんな両親のおかげで生まれたのである。親のおかげで育ったのである。つまり、生まれたのではなくて、生んでもらったのである。大きくなったのではなく、大きくしてもらったのである。

（高神覚昇『父母恩重経講話』）

この日の講話の最初で、高神は『父母恩重経』の「父にあらざれば生まれず、母にあらざれば育たず」を紹介した。高神は「西洋の個人主義」を批判し、仏教的な「縁」を大切にすべきだと主張して、次のように説明した。

まことに親となり、子となること、みなこれ他生の縁である。まったく不思議な因縁で親となり、子となったのである。この広い世間に、大勢の人間のうちで、たった一人の父、たった一人の母をもって、この世に生まれ出たことは、なんといっても不思議な因縁だと言わねばならない。しかも、他の国に生まれずして、神の国と言われ、仏の国と言われるこの日本に生を享《う》けたということは、どう考えてもありがたい因縁だと言わねばならない。本当に、「父にあらざれば生まれず、母にあらざれば育たず」である。両親のおかげでこの日本に、とりわけ「み民われ」陛下の赤子として、栄え行く現代の日本に生まれあわせたということは、たとえ自分の境遇がどうであろうとも、心からまず何をおいても双親のご恩を感謝すべきである。しかもこの親のご恩が真にわかってこそ、はじめて皇室のあつきご恩も自然にわかってくるのである。げに、忠臣は必ず孝子の門に出るのである。忠誠の士は必ず純情の孝子である。忠と孝とは二にして一である。忠孝一本、そこにわが国柄の尊さがある。（『父母恩重経講話』）

高神の語調は、「仏教は日本の国体に反する」という指摘を論破する勢いであった。

三月二十五日の放送を聞いた松下幸之助は、社員の前で「けさの講話を拝聴して、心打たれた」と絶賛した。放送内容は、一年をおかずして講談社から刊行された。

「仏教的非戦論」から戦争礼賛への転向

真理運動や友松は当初、「仏教的非戦論」を唱えていた。一九三五（昭和十）年の段階では、次のように述べていた。

もしまた、社会の一部の権力者が理不尽なる横車をひこうとするならば、私達は果敢に真理の旗を立てて、その中道にかえらんことを要求するでしょう。

（『真理』創刊号巻頭論文）

さらに戦争について、同じく一九三五（昭和十）年、次のように述べていた。

直面する戦争の性質を見きわめ、主張すべき場合には敢然としてこの仏教的非戦論をふりかざし、「法」による「国家」の諫暁《かんぎょう》を断行する覚悟がなければなりません。

（『真理』一九三五年九月号）

このころの真理運動は、あくまで戦争に反対する立場をとるつもりでいた。国家が戦争に走るのならば、これと対決する可能性もあると宣言していた。

一九三七（昭和十二）年七月、日中戦争が始まった。友松は、これを中国の悪を懲らしめるための戦争であると解釈したが、同時に戦争に興奮する世論に対して「頭を冷やせ」と述べた。友松は、日々の勤労こそ重要であると考え、戦争に浮き足立つべきではないと訴えた。

しかし一九三七（昭和十二）年十月号の『真理』では、次のように主張した。

今はもう支那事変についてあれこれと批判をさしはさむべき時ではない。金あるものは金をもって、物あるものは物をもって、力あるものは力をもって、才あるものは才をもって、それぞれの天分職能を通じて、国のために総動員するのだ。

友松は、九月ごろには総動員体制への積極的参加を呼びかけはじめた。戦争開始後、わずか二カ月での転向である。ラジオで放送される番組も、教養放送重視から戦争報道重視へ変化しつつあり、戦争意識を煽っていく時勢であった。

それでもしばらくの間、友松は戦争の拡大に反対していた。あくまで中国とのみ戦争するべきだと考えていたのである。一九三九（昭和十四）年十月号の『真理』では次のように述べている。

私どもの前には、のりかかった船「支那事変」という一大手術があるではないか。手術服をきて、メスを右手にしている以上、一番いけないのがわき目である。この後、断じて気を散らしてはいけない。英仏の力をむりにかりる必要はない。米ソにこびることはない。といって独伊を目の仇にする必要もない。

また、当初の友松は、ヒトラーやムッソリーニに批判的であった。これらの政治家は力ずくで他国を抑える「覇道」を行くものであるというのが、批判の理由であった。しかし、第二次世界大戦が始まり、ヒトラーの電撃作戦が成功すると、ヒトラーを「英傑」として絶賛するようになった。ラジオはヒトラーが勢力を拡大していく様子を刻々と報道していった。

太平洋戦争が開始されると、友松は「私は支那事変が十年はかかると言いましたが、この日米英の戦争も十年はかかる」と述べた。さらに真理運動に参加する者の心構えとして、次のように主張した。

きょうは生きていたが明日は死ぬんじゃないか、とビクビクした気持ちを持っていれば、この事変は長くなると思います。みなが生還を期しない、必ず死ぬのだという気持ちになれば、空襲は少しも恐れるに足りない。三度、五度、決まったように空襲でもあれば、「きょうも来そうですね。早く来てくれないと、何だか気になって、三越へ買い物に行けませんわ」というようになってきます。また「きょうの飛行機のケチなこと。先だっての方が、よほど景気が良かった」というような時が必ず来ます。空襲も二度、三度となるとだんだん手がわかってくる。人間はそれでだんだん大きくなり、肝ができる。そうして未曾有を曾有に移行して行く。未だ曾てあらざる驚きを、何でもないという普通の認識判断の中に吸収するようになる。日本文化の建設のために、空襲の五回や一〇回、この世の土産に経験をして驚くのも良いじゃないかと思う。

(『真理』一九四二年二月号)

戦争初期の成功が次々にラジオで伝えられると、友松は太平洋戦争を礼賛するようになった。毎日のようにラジオの前でニュースを待ち、勝利のニュースが入ると万歳を叫んだ。友松は自分を世に送り出したラジオに対し、絶大な信頼を寄せていた。ラジオは低俗な雑誌などと違って、国家が放送内容を統制しているのだから、信頼に足るものであると考えていた。つまり、友松はラジオに影響されやすい人であった。一九四二（昭和十七）年十二月号の『真理』には、次のように書いた。

昭和十六年十二月八日！　日本民族の歴史あって以来の大業が電光の如くひらめいた日、畏くも宣戦の大詔を拝して、一億国民の魂は奮い起こった。われわれはあの日の感激を、永久に忘れることはできないであろう。「帝国陸海軍は今八日未明、西太平洋において米英軍と戦闘状態に入れり」――あの朝のラジオ放送の声は今もはっきりとわれわれの胸に響いている。その時、すでに遠くハワイ真珠湾においては、わが海軍は米国太平洋艦隊を撃滅し去っていたのである。天佑神助といわずして何であろう。

ラジオでは必ずしも伝えられていなかったが、一九四二（昭和十七）年末のこのとき、すでに日本の敗退は始まりつつあった。やがて物資が貧窮すると、雑誌『真理』も大幅にページ数を減らし、真理運動も事実上停止状態となった。その後、友松は聖徳太子や月照の研究に打ちこんでいく。

空襲で被災した友松は、玉音放送のとき、地方へ疎開していた。日本の敗北が決定したことは、友松にとって衝撃的であった。どちらかと言えば、戦争そのものを問題視したわけではなく、敗北したことが悔しかったようである。

友松は八月三十一日、長野で高嶋米峰の「連合軍の進駐を迎えて」を聞き、深い感銘を受けた。後年の友松は、「戦時中は、死ぬのが怖くて戦争反対を言い出せなかった」と猛省している。以後、彼は平和的な言説を心がけるようになった。

戦後、友松は神田寺を創始して、活動の再開を宣言した。しかし友松と「名コンビ」と言われた高神は、糖尿病により一九四八（昭和二十三）年二月に亡くなった。友松は「私は未亡人だ」と述べて悲しんだ。

友松は、一九七三（昭和四十八）年十一月十六日に亡くなるまで、文筆によって寺院改革運動を指導し、仏教の学術研究にいそしんだ。

考察――教養放送全盛期の代表的人物

友松は、仏教の悟りとは「素直な心になること」と主張した。高神は、あらゆる仏教の真髄とは「自分が悟り、他を悟らしめること」と述べた。両者とも、仏教の深遠な世界を、簡潔に表現することに長《た》けていた。話し方とともに、思い切った要約が上手であったことも、両者の才能であった。ラジオ、雑誌、単行本、演説会、座談会などを駆使する真理運動は、今日で言う「メディアミックス」を体現した運動であった。戦後、多くの社会運動や新宗教が、この真理運動を手本にしたと言われている。真理運動は、ラジオに関わる社会運動のなかで、もっとも成功した運動であった。

戦前において、友松がラジオに出演した回数は、特に多かったわけではない。出演回数だけで言えば、高嶋米峰や下村宏に比べてずっと少なかった。しかし、友松が戦前のラジオで一躍有名になり、大きな社会的影響力を手に入れたことは間違いない。当時のラジオは、出演者に強大な権威と権力を与える装置であった。その権威と権力がのちにどのように使われたか、日本放送協会と直接関係はないものの、ラジオがもたらした社会的結果であったと言える。今日から見て賞讃すべき講演放送をしたとしても、ラジオ出演者に過大な社会的力を与えたことは、リスクの大きいことであった。

友松が高嶋の強い影響を受け、同様の思想を持ちながら、戦争に対してまったく逆の反応を示したことは興味深い。高嶋は軍国主義を批判したが、友松は礼賛した。高嶋はラジオをうまく利用したが、ラジオから強い影響を受けた様子は見られない。一方、友松はラジオによって有名になったと同時に、ラジオに影響されやすい人であった。これはラジオ放送開始時に高嶋がすでに五十歳であったのに対し、友松はまだ三十歳だったことが大きな要因ではなかったかと思われる。

ラジオ放送が軍国主義へ傾くと、友松も寄り添うように軍国主義を礼賛し、「村のために一人や二人の若者は、死ぬがいい」と主張した。戦後になって基本的人権が主張されると、友松は「人として生まれるありがたさ」を強調した。テレビジョンが出現してラジオの社会的影響力が低下すると、友松も次第に忘れられた存在となっていった。

友松以上に時代に愛され、ラジオと添い寝した男がほかにいたであろうか。友松こそ、ラジオ時代を象徴する存在である。友松は、ラジオの光と影をすべて体現した男であった。

第三章　熱意の商人　松下幸之助

松下幸之助とラジオ

松下幸之助が創業した松下電器（現・パナソニック）は、大阪の小さな町工場であった。それが総合家電メーカーへと飛躍していく過程で、何が成功の要因であったのか。二股ソケットが売れたので成功したと言われることもあるが、これは史実とは言いがたい。二股ソケットは松下の発明ではないし、これだけが突出して売れたわけでもなかった。松下電器に長く勤めたある社員は、次のように述べている。

アイロンも、乾電池もみなそれなりに儲かっていたけれども、ラジオの儲けが大きかった。ですから、今日の松下電器を築いてきたのは、無線、特にラジオの力が非常に大きいし、ラジオが技術者とか経営者を育てたその元であるとも言えると思うのです。乾電池なども負けないようにやっていましたが、やはりラジオの方がずっと進歩的だったし、音響関係に人材を提供するその源になったのは、私はラジオ工場、ラジオ事業部であったと思います。

（松本邦次「経営の人間模様」『ＰＨＰゼミナール特別講話集　続々　松下相談役に学ぶもの』）

松下電器が発展した要因として、ラジオ受信機の成功をあげている。ラジオはソケットなどに比べて単価が高く、また多く売れたのであった。

ラジオ受信機の普及の過程で、しばしばラジオメーカーの努力は看過されている。昭和初期のラジオ受信機は、ただつくれば売れるというものではなかった。ラジオ業界に参入した当初、松下も非常に苦労した。ラジオは自然に売れたのではなく、広めようとする松下の強い熱意があったからこそ売れたのである。この熱意こそ、松下とラジオの関係を理解する上でも、受信機の普及という観点から見ても、もっとも重要な要素である。

ラジオと出会うまでの松下

松下幸之助は、一八九四(明治二十七)年十一月二十七日、和歌山県海草郡和佐村千旦ノ木(現・和歌山市禰宜)に生まれた。和歌山市の東部郊外、紀ノ川の南であり、今でも周辺に水田が広がる静かな土地である。

その地に当時、大きな一本松が生えていた。その土地の小地主は、松にちなんで「松下」と名乗った。これが松下家である。

父の政楠《まさくす》は地元の村会議員を務めていたが、米相場で失敗し、松下家の家運は傾いた。父は単身大阪に出て就職した。松下が尋常小学校四年のとき、父は言った。

「心やすい火鉢屋が小僧を欲しがっている。ちょうどええ都合やから幸之助をよこせ」

満九歳で大阪へ行き、丁稚《でっち》奉公することになった。駅まで送ってくれた母の様子を、後々まで松下ははっきり覚えていると述べている。

当時の大阪で尊重される丁稚は、北陸出身であった。北陸は長い冬を耐えて過ごすので、粘り強い性格が多いと思われていた。一方、和歌山は気候が温暖なのでのんびりとしており、丁稚にしても役に立たないとされていた。松下は、小僧として奉公するにしても、条件のよいところへ行くことはできなかった。

火鉢屋はその後すぐに店を閉じることになったので、松下は五代自転車商会という自転車店に奉公することとなった。場所は、船場・堺筋の淡路町であった。松下は語っている。

「大阪の船場といえば、昔から商家の街として知られているところです。大阪商人の土性骨《どしょうぼね》は、ここで鍛えられてきたわけですな。小僧さんは、それはもう厳しい修行をさせられたものです」

ここでの経験が、商人としての松下の基礎をつくった。

五代自転車商会の向かいには、同じくらいの歳の少年が住んでいた。少年と松下は友人であったが、仕事をしなければならない松下は、少年が学校へ行く様子をうらやましそうに眺めていた。それでも仕事を休まず、勤勉に働く松下を見て、少年の父親は言いつづけた。

「あのお子は、きっとエラ者になるぞ」

一九〇三（明治三十六）年九月、大阪に市電が開通した。この市電を見て電気に関わる仕事がしたいと思った松下は、一九一〇（明治四十三）年六月に奉公を辞め、大阪電灯（現・関西電力）に勤務することとなった。大阪電灯時代について、のちに次のように回想している。

「もちろん、つらいこともありました。真冬に電柱に登るでしょう。登ったとたん、身を切るような風がきます。手がこごえます。それでもやらねばなりません。落ちたら死んでしまいますからね」

松下は通天閣の電灯工事にも参加した。とび職のような仕事もしていたのである。当時は電気に関する一般の理解が決して十分ではなく、不用意に感電して命を落とす人も多かった。後年の松下は「仕事に命をかけるほどの真剣さがなくてはならない」としばしば語っている。大阪電灯時代の松下の仕事は、文字どおり命がけであった。

配線工事担当の助手として働きはじめ、三カ月半で助手から検査員に抜擢された。やがて新型ソケットを考案し、独立開業することとなった。一九一八（大正七）年三月七日、松下電気器具製作所を妻のむめのと義弟の井植歳男の三人で創業した。改良アタッチメントプラグや二灯用差し込みプラグ、自転車用の砲丸型ランプが売れ、雇う人も増えていった。

ラジオとの出会い

従業員が五〇名ほどになった一九二二（大正十一）年、松下はラジオと運命的な出会いをする。後年、次のように回想している。

私がはじめてラジオ放送というものを聞いたのは、関東大震災の前の年、つまり大正十一年ごろではなかったかと思う。

それまで、新聞や雑誌などで、ラジオ放送というものの解説などを読み、こんなふうにしてラジオというものは聞けるのだということを、知識としてはある程度持ってはいたけれど、実際に自分のこの耳でラジオの声を聞いた時の感動というものは大げさにいえば胸のつまるほどのものであった。

どんな放送であったか、今は忘れてしまったが、いわゆる鉱石ラジオのレシーバーを耳にあてて、かぼそく流れてくる人の声を聞いた時には「これはエライ世の中になった。世の中は変わった。遠くはなれたところにあっても、線も何もないのにこうしてありありと人の声が聞こえてくる。まさにキリシタンバテレンの法みたいだ。おそろしいことだ」と感じたものである。

おそろしいといえば、おおげさなように思えるが、事実、そう感じたくらいに、おどろいたのである。そして、世の中はたしかに前進したと感じた。

そのころ、松下電器では、まだラジオ受信機をつくっていなかったが、「こういうものをつくってみたいな」と考えたことを、今もおぼえている。

（一九六三年九月一日『毎日新聞』夕刊）


一九二二（大正十一）年の公開ラジオ実験は、東京朝日新聞社主催で三月二十九日告示と、東京日日新聞社主催で九月二日告示が記録されている。この当時の松下は、東京駐在所をすでに開設しており、自身も月に一度、夜行列車に乗って東京へ営業に行っていた。東京日日新聞の公開実験は二カ月の長きにわたり、複数の施設で受信を行なっていたので、松下はこれを見学した可能性が高い。松下は最初期から「ラジオファン」だったようである。

一九二三（大正十二）年九月一日、関東大震災があった。松下によれば、大阪でも大きく揺れたという。東京出張所勤務であった井植歳男は無事であった。一方、のちに松下電器の技術担当となり副社長にもなる中尾哲二郎は、東京の日本帝国徽章商会というメダルや勲章を製作する会社に勤めていた。中尾は震災で職を失い、大阪に来て職を探した。やがて松下にその才能を見出されて松下電器に勤務することとなった。

松下電器は、一九二七（昭和二）年に角型ランプを売り出そうと考えた。どんな名前で売り出そうか思案する松下の目に、新聞の「インターナショナル」の文字が飛びこんできた。社会主義運動が盛んであった当時、「インターナショナル」は社会主義者の合言葉であり、しばしば喧伝《けんでん》されていた。松下はこの言葉を調べ、「インターナショナル」は「国際的」という意味であり、一方、「ナショナル」は「国民の、全国の」という意味だとわかった。松下は、角型ランプを国民の必需品にしたいという思いをこめて、「ナショナル」という商標で売り出すことにした。このときから、「国民の必需品をつくる」ということが、松下の大きな目標となっていった。

「ラジオ屋」は水商売の代名詞

ラジオ業界に参入した動機について、松下は次のように語っている。

昭和四年から五年にかけては、浜口内閣の緊縮政策により不景気がいよいよ深刻になりつつあったが、松下電器の業容は一路順調の道をたどり、業界にますます異彩を放つとともに、代理店の信頼も一層その強きを加えたのである。そのころ、多数の代理店から世上でようやく普及をみつつあったラジオ・セットを松下電器においても製造発売をするようしきりと求められていた。私もラジオの国民性という点について相当の関心をはらっていたのであるが、たまたまそのころ次のようなことがあった。

というのは、かねて自分の使っていたラジオ・セットが、時々故障を起こし困ったものだと思っていたのであったが、ある日聞きたい放送があって聞こうとした時、またまた故障で聞こえない。よく故障の起こる機械だとむやみに腹立たしくなってきた。その時である、私の頭にピリッと響いてきたのは。そこで私は静かに考えたのである。

これほど大きな図体をしている機械がなぜもっと堅固にできないのだろうか。ラジオの故障が多いことは当時の常識になっており、運送中にも故障が続出するということはしばしば聞いていたところであるが、現実に聞きたい放送が目のあたり聞けないとなると、たとえそれが常識になっていた事がらであっても無性に腹立たしく、こんなことではだめだ、こんなバカなことがあるものかという気持になるとともに、ラジオはそう簡単に故障など起きるような複雑なものではない、という気がしきりにするのであった。

そこで私には、これを松下で造ったらどうなるか、ということが考えられてきたのである。よし、一度的確綿密にラジオ・セット界の状態を調べてやろう、と思った。そしてさっそく店員にその調査を命じたのである。（松下幸之助『私の行き方考え方』）

調査の結果は、ラジオには将来性があるかもしれないが、商売を成功させることは、非常に難しいというものであった。

昭和初期のラジオ受信機界の状況について、多くのラジオ関係者が「梁山泊のようであった」と回顧している。たとえば、外国の有名なラジオを模倣して、粗悪な偽物をつくるメーカーがあった。有名なメーカーでも、わざと半年で故障するように製作し、しかもそれを公言してはばからなかった。小売商も問屋に対して修理よりは交換を押しつけ、「ラジオ屋」は水商売の代名詞のように思われていた。ラジオを扱うことは、それだけで社会的信用を落としかねないくらい、非常にリスクの大きいことだったのである。

松下も調査の末、こうした状況を把握していた。しかし当時のラジオ受信機が頻繁に故障することについて、「公憤」を感じていたという。ラジオの社会的有用性を強く認識した松下は、ひるむことなく、こうしたラジオ市場に参入したのであった。

「故障絶無」のラジオを目指して

当時の松下電器の技術では、受信機をつくることは難しかった。松下は信用のあるメーカーを探し、このメーカーのラジオを松下の販売網で売ることから始めた。ラジオ工場を買収して株式会社を設立し、宣伝も大いに行なって販売を始めた。

しかし、ラジオは返品の山となり、買収以前よりも故障は増えていた。調べたところ、ネジが少しゆるんだだけで故障として返品されることなどが見受けられた。通常の「ラジオ屋」はラジオの知識があったが、松下の販売店はラジオの仕組みについて詳しくなかった。そのため、それまで故障とされていなかった製品まで返品されていたのである。

松下は、「ラジオ屋」でなくとも販売できるような、故障のないラジオをつくりたいと考えた。松下自身はラジオの技術について、豊富な知識を持っていたわけではない。しかし、「故障絶無」のラジオがつくれるはずだと確信していた。

当時の松下電器の研究部主任は、関東大震災を機会に大阪に来た中尾哲二郎であった。松下は中尾に「故障絶無」のラジオ受信機をつくることができないか相談した。中尾は答えた。

「従来、松下の研究部ではラジオの研究などはやっていませんから、今、突然ラジオの設計をせよ、といわれても、それは少々無理です。研究はしてみますが、ご主人のいわれ

るような、そう理想的なラジオが直ちにできるとは思われませんから相当の時日をくださ
い」

松下は当時のラジオ業界について説明し、次のように言った。

「必ず作れるという確信を持つか持たぬかがそのポイントだ。ぼくは信ずる。きっと君らによって立派なものがなし得られると確信する。だから断じてやりたまえ」

松下の熱意に押され、中尾はラジオ受信機の研究を開始した。

一九三一（昭和六）年四月、東京中央放送局で第二放送が開始された。当時はこれを「二重放送」と呼んでいた。第二放送は、今日のＮＨＫ第二放送と同様に教育専門チャンネルであった。これを機に、東京中央放送局は同年の『ラヂオの日本』六月号で受信機の懸賞募集を行なった。

それまでもラジオ受信機のコンクールは、いくつか開催されていた。技術者を競わせて国内の技術水準を上げることが目的であった。その後にもコンクールはあったが、この一九三一（昭和六）年のコンクールがもっとも大規模に行なわれたものである。

募集する試作品のラジオは、真空管の数を二つまで、整流球を加えて三つまでとされていた。真空管の数を限定したのは価格を抑えるためであり、都市部の家庭で充分に使える安価な受信機をつくらせようという狙いであった。募集の対象となる受信機は、一般家庭

用と二重放送用の二つであった。

この募集を見た中尾は、部下に言った。

「これはおもしろい、腕だめしにもなる。応募してみようじゃないか」

周囲は、ぜひやりましょうと乗り気になった。中尾は松下に相談した。

「これに応募しようと思うのですが、どうですか」

松下は答えた。

「君、それ一等に当選する自信があるか」

「あります」

「それだったらやれや」

八月末日の締め切りまで、中尾は研究に没頭した。最後の一週間は作業場にこもり、家にも帰らなかった。当時の松下電器の研究部は一〇人もいない小規模であった。締め切り間際に二台が完成し、中尾が直接東京へ持っていった。中尾は自分の名で応募せず、「松下幸之助」の名で提出した。

審査結果は十一月二日に発表となった。中尾が提出した二つの受信機のうち、一台が一等に当選した。一一八人の出品中、一等は三人である。中尾のもとには電報で知らせが届いた。わずか数カ月の研究で、多くの専門のラジオメーカーを押しのけての入選であった。

松下は言っている。

「私なり、中尾君なりの真剣さ、いや松下電器全体の熱意が、その実力を向上せしめ設計を完成せしめたのだと考えるべきである」

しかし松下は、入賞賞金を松下電器のものとせず、研究部員に与えたという。

応募は「松下幸之助」の名で行なったが、実際につくったのは中尾だとわかると、中尾の名はラジオ受信機界で広く知られるようになった。ラジオ受信機界に限って言えば、先に名前が全国へ広まったのは中尾のようである。当時のラジオメーカーは、シャープの早川徳次《とくじ》が典型的な例であるように、技術者が独立開業しており、技術と経営が分離していない場合が多かった。つまり優秀なメーカーと言えば、優秀な技術者が社長をしており、優れた製品をつくっているから製品も売れているというのが一般的な状況だったのである。

「当選号」の失敗——試行錯誤の日々

松下電器は、一等当選したラジオの試作品を「当選号」という名で市場に売り出した。しかし、この「当選号」は売れなかった。「故障絶無」にこだわるあまり、部品の一つひとつに高級品を使い、コストがかさんで価格が割高だったからである。一九三一（昭和六）年の末から発売を始め、一九三三（昭和八）年の夏までにラジオに関連する累積赤字は一〇万円に達した。あるとき、松下は営業も含めたラジオ関係の社員と研究部員を集め、三時間も叱りつづけたという。この説教について、当時の関係者は、何が何でもラジオ事業を軌道に乗せたいという松下の熱意の表われであったと語っている。

ラジオがなかなか軌道に乗らない一九三二(昭和七)年、松下は「産業人の使命」について考えた。五月五日午前十時、社員を大阪の中央電気倶楽部の講堂に集め、次のように語った。

実業人の使命というものは貧乏の克服である。社会全体を貧より救ってこれを富ましめるにある。商売や生産は、その商店や製作所を繁栄せしめるにあらずして、その働き、活動によって社会を富ましめるところにその目的がある。社会が富み栄えていく原動力としてその商店、その製作所の働き、活動を必要とするのである。その意味においてのみ、その商店なり、その製作所が盛大となり繁栄していくことが許されるのである。商店なり製作所の繁栄ということはどこまでも第二義的である。しからば実業人の使命たる貧乏を克服し、富を増大するということはなにによってなすべきか。これはいうまでもなく物資の生産につぐ生産をもってこれをなすことができるのである。いかなる社会状態の変化があっても、実業人の使命たる生産につぐ生産を寸刻も忽《ゆるが》せにせず、これを増進せしめていくところに、産業人の真の使命があるのである。
（『私の行き方考え方』）

松下電器はこの日をもって創業記念日とした。

当時のラジオ関係者のうち、指導的立場にある人は「ラジオの使命」を合言葉のように口にしていた。ラジオを普及させて社会の文化水準を上げることが、自分たちの使命であるという考えである。松下の「産業人の使命」は、これをさらに一般化した考えであった。「社会を富ましめる」という産業人の使命を実践するかのように、一九三二（昭和七）年の十月、松下はラジオに関する特許を無償で公開した。当時、外国の特許を調べて重要なものがあると、日本で真っ先に特許を取る人物がいた。この人物は、特許を使用するメーカーに高額の特許使用料を要求し、自分では受信機をつくっていなかった。松下はこの人物から重要な特許三件を二万五〇〇〇円で買い取り、同業者に無償で公開したのであった。この行為は一部の業界誌からは「快挙」と報じられた。一方、日本放送協会編の『ラヂオ年鑑』は、この事実を記載していない。日本放送協会は、こうしたメーカーの動向に関心が薄かった。

松下電器は、後々までラジオの真空管は東京電気（現・東芝）から買っていた。あるとき、東京電気社長の山口喜三郎は松下にこう言った。

「松下さんねえ、あなたこんど大変な男気を出されて、業界のために、二万五〇〇〇円も出して買われた特許を公開された。これは実に見事だと思います。しかし、金は大事に使うことですな」

これに対して、松下は後年、次のように語っている。

　ぼくは、一本参ったというようなもんです。それはね、そういうことは、まあ、匹夫の勇やというわけですな、早く言えば。にんまり笑ってたしなめるのです。それは、向こうは大きな会社ですからね、向こうこそ、そういうことしてもええ会社だし、また、してもなんともない会社です。ぼくからすると、財産の何分の一かを出した仕事です。大いにその行ないたるや壮たるものですわ。ところが、その行ないをほめるのではなく、逆にたしなめるのですな。ぼくは、これは偉い人やなあ、立派な人やなあと、本当に感心しました。

（松下幸之助『道は明日に』）

松下による特許の無償公開は、大手メーカーからすれば、出過ぎた行為に見えたのだろう。やはり実業家である以上、ラジオ事業を成功させなければ、高く評価されなかったのである。

ラジオ事業が軌道に乗るまでの間、松下電器は事業部制を導入し、大阪市内から門真への移転を行なった。大規模な移転は放漫経営ではないかと批判され、大阪市から見て鬼門の方角へ移ることは縁起が悪いという声もあった。松下は「迷信の打破」を訴え、この移転を断行したのであった。

下村宏の高い評価

その後ラジオは、営業が得意な井植歳男が担当することになった。井植は、東京にあった田辺商店を訪ねた。田辺商店は一九三一（昭和六）年のコンクールで、二つのラジオを一等当選させたトップメーカーであった。売れ筋を調査した井植は、まず部品の市場から切り崩していくべきだと考えた。実際のところ、当時のラジオ市場は完成品よりも部品のほうが需要は大きかったのである。松下電器のラジオ部品は、「マーツ」というブランド名で売り出された。

部品市場から切り崩す作戦は成功した。やがて「ナショナル」ブランドのR－48型ラジオが売れ出し、松下電器のラジオ事業は軌道に乗りだした。どんなに苦しくとも粗悪品を売らず、品質の高い製品をつくりつづけたことで、世間の信用を得始めたのであった。

ようやくラジオ事業が軌道に乗りかけたころ、一九三四（昭和九）年九月十七日、当時朝日新聞副社長であった下村宏は、松下電器を訪れた。同じ和歌山県出身のおもしろい人物がいると知り、取材したようである。下村ははじめて会った当時三十九歳の松下を非常に高く評価した。下村は、松下について次のように書いている。

松下君は原価開放主義で販売店と取引したという。原価一円のものを一円三十銭かかったと号して、一円五十銭で売ってくれとは言わない。一円の原価は一円とそのままぶちあけて「五十銭儲けさせてくれ、今追っかけて改良拡張に金がいるから我慢してくれ、そのうちに必ずより良いものをより安く、値を下げて卸すから」というのである。おもしろい一風変ったやり口のようで、実は当然すぎた事であるが、さりとてこんな事は誰もがやっていけるものでない。そこに松下君その人の個性の光りがあるからである。いかにもおもしろい話だとうなずかれた。

（下村宏『プリズム』）

その手法のなかに、下村は松下の「個性の光り」を見た。和歌山県出身の下村は、同郷から有望な人材が出ないことを苦々しく思い、優秀な人物はいないか探している最中であった。下村は、求めていた人材を見出したのである。

ラジオ受信機の工場を見学した下村は、次のように書いている。

ラジオ・セットの工場を見学した時、いかさまこうした手の込んだ仕事は日本人に向いているなと思ったが、松下君はこの仕事の一部は機械によることもできますが、後から後から改良してゆかねばなりませぬから、すべて手工によりますという。げにもさなりとうなずかれたのであった。

(『プリズム』)

下村は、「絶えざる研究と絶えざる改善にこそ事業の生命がある」と記事を結んでいる。ラジオ演説の名手として著名であり、法学博士でもあった下村は、政財界や学界に広い人脈を持っていた。この下村に高く評価された意義は大きい。ラジオ事業も順調に伸びていくなかで、多くの著名人が松下電器に興味を持ちはじめた。

一九三四(昭和九)年十一月、日本産業協会総裁の伏見宮博恭王《ひろやすおう》は、産業功労者として松下を表彰した。翌一九三五(昭和十)年十月、秩父宮家の御宿所に備え付けのラジオとして、ナショナル受信機が採用された。また同年十二月、東久邇宮稔彦王《ひがしくにのみやなるひこおう》が松下電器を視察している。松下はこの視察について、次のように社員に述べた。

「関西における電器メーカーとして、高貴の台臨を仰いだことはおそらくこれが初めてであって、この栄誉はひとり本所のみのものではなく、一般電器製作業者としての光栄であると考えてさしつかえない」

当初は、「梁山泊」か水商売同然と思われていたラジオメーカーは、松下の努力によって、もはや宮家までもが関心を持つようになった。一九三六（昭和十一）年七月二十五日には、当時満州鉄道総裁の松岡洋右も松下電器を訪れた。

トップメーカーへの躍進と価格競争

昭和初期におけるラジオ受信機市場のシェアを正確に知ることは困難である。統計自体はいくつか存在しているが、互いに矛盾していたり、ほかの事情と合わせて考えると信憑性に欠けていたりする場合が多い。同時期の集計でも、統計によって一〇パーセント以上の開きがあることは珍しくない。日本放送協会は販売数を何度か調べたが、実態の正確な把握にはほど遠かった。

ある程度信頼のおける統計としては、日本放送協会が一九三八（昭和十三）年十一月から一カ月の間、集中的に行なった調査がある。新規にラジオ聴取を開始した人々にどのメーカーの受信機を購入したか聞いたものであった。新規加入者八万二二一六人のうち、どのメーカーかを答えた人はわずかに八四七一人であったが、そのうち松下無線のラジオを購入した人は一九一七人でトップであった。続いて山中無線一七四七人、七欧無線一〇五七人、大阪無線八八六人、早川金属（現・シャープ）六二三人となっている。そのほかの統計を見ても、一九三五（昭和十）年ぐらいから松下がラジオのトップメーカーになったと考えて間違いないようである。

ラジオ販売が軌道に乗ったあとでも、ラジオ市場の動きは激しかった。松下本人は明白に「ラジオ」とは言っていないが、ラジオを思わせる次のような逸話が残っている。

松下は一九三七（昭和十二）年から一九五三（昭和二十八）年まで、加藤大観《たいかん》という僧侶と暮らしていた。加藤は松下と同じ家屋や同じ敷地の離れに暮らすなどして、日々さまざまな相談に乗った。加藤は真言宗醍醐派の僧侶であった。

この加藤について、松下は次のように語っている。

とくに印象に残っているのは、あるとき、一部の同業者が、非常に無茶な価格競争をしかけてきたときのことです。ぼくも血気盛んな若いころでしたから、怒り心頭に発するというほど腹がたって、向こうがそうするのであれば、一つ徹底的に競争してどちらかが倒れるまでやり抜いてやろうという気になったのです。そこでそのことを加藤さんに話しました。すると、「私は反対です」という返事です。「なぜですか」と問いますと、加藤さんはこんなことを言われました。

「松下さん、これがあなた一人の商売であるならば大いにおやりなさい。しかし、あなたには今、何千人もの人がついている。そのことを考えないといけません。つまり、あなたは一軍の大将だ。その大将が個人的な怒りをもって仕事をするのは許されません。『向こうがやるならこっちもやってやる』というのは、なるほど勇ましいけれども、それはいうなれば〝匹夫の勇〟というものです。あなたはそれで溜飲がさがるかもしれないが、それでは何千人という人が困ることになりはしないか。大将というものは、そんなことをするものではありません」

ぼくはその話に非常に教えられました。どちらかというとぼくは神経質で、感情が強い方でしたから、何かあるとカーッとすることがよくありました。しかし、そういう大将としての心がまえを聞いてからは、常に全体的にものを考えなくてはいけないということを、自分で戒めるようになったのです。

（松下幸之助『縁、この不思議なるもの』）

松下は、加藤について語る場合、頻繁にこのエピソードに触れている。しかし正確にいつのときであったか、また何の商品に関する価格競争であったか、一度も明確に言わなかったようである。加藤と同居しはじめたときよりのちの出来事だとすれば、これは一九三七（昭和十二）年以降であり、松下電器の社員は、すでに四〇〇〇名以上を数えていたはずである。

この商品の競争は、一時的にせよ松下が怒り心頭に発したものであり、価格競争をすれば四〇〇〇人以上の従業員を抱える松下電器が倒産しかねないくらい取引総額が大きい製品であった。これは、ラジオ受信機市場における競争ではなかったか。

ラジオ受信機市場は価格競争が激しく、「梁山泊」の気風は簡単には払拭《ふっしょく》できなかった。価格は安定せず、安売り競争が絶えなかったのである。松下は商品の「適正価格」を強く主張し、同業者に対して価格の乱高下を戒めたのであった。

松下のラジオ出演

受信機を販売するのみならず、戦前の松下は放送にも出演したことがある。最初の出演は一九三六（昭和十一）年七月十日で、題は「実業道を語る」であった。

松下は「現代産業人としての真の目的は、あらゆる物資を豊富にし、これを潤沢、滑らかに社会の各層に配給して、その生産内容を充実向上せしめるところにある」と述べ、国道建設を例にあげた。セメント会社によるセメントの生産で国道建設が可能となり、国道は人々の生活を便利にしたとしている。続いて次のように述べた。

おそらく物資の需要は供給のあるところ、必ずこれを活用する道が開けてくるものでありまして、ひとりセメントに限らず、あらゆるものは生産につぐ生産をもってしても、無限の需要を真に満たしきるということは容易でないと考えられるのでありま す。われわれ産業に従事している者は、躊躇するところなく一筋に、生産量の増加に邁進しなければならないと思うのであります。かく考えてまいりましたならば、われわれの仕事、産業都市青年の仕事は、働いてもなお働ききれない大きなものが残されているのであります。まことに喜ばしいことではありませんか。生産につぐ生産、仕事につぐ仕事、そこに都市青年の大いなる喜びが見いだされると信ずるのであります。

（『松下幸之助発言集』第八巻）

勤勉に働くことは、社会をよりよくすることにつながると松下は主張するのであった。講話の最後を、次のように締めくくっている。

最後にひと言申しあげたいことは、事業をいたしておりますす業者のあいだで、ずいぶん激しい競争をするのを、各業界に常に見受けるのであります。しかしこの競争の心理というものは、ちょうど兄弟または親友のあいだにおいて、スポーツなどに熱中し、その技を競ううちにお互いに技を練り、進歩向上せんとする競技のごときものでありまして、商売的に相手を倒すためにする競争では、断じてないのであります。この意味においての正しい競争は、そこに双方に著しい進歩を見、ひいては業界お互いに貢献をしあうものであると信ずるのであります。

これからのち、実業道に入られるところの皆さんは、互いにまた競争場裡に立たれる場合もありましょう。かかる場合、断じて相手を倒さんとするごとき競争であってはなりません。お互いに正しき競争の中に相助け、真に共存共栄の実をあげ、協力して実業の道に努力し、産業の開発を図り、実業人としての本分を全うせられたいと切に念ずる次第であります。

（『松下幸之助発言集』第八巻）

松下は、産業界における適度の競争について言及した。この時期、ラジオ業界における過当競争に直面していたことと、この話の内容は無関係ではない。

この日の松下のラジオ出演は、松下電器社員にとっても興味の的であった。もちろん生放送である。

「よし、聞きたい奴は、今晩、工場に集まれ」

松下電器の工場の食堂で、中央のテーブルに白い布がかけられ、松下電器のラジオがすえつけられた。社員はラジオを囲んで耳を澄ました。

ところが普段とは勝手が違うからか、松下は話の合間にさかんに咳払いをする。社員は気が気でならなかった。咳払いよ、去れという思いだった。肝心の話の内容は、まったく頭に入ってこない。まもなく放送は終わってしまった。

「オイ、結局、どんな話やった?」

しかし、社員は非常に気をよくしたのであった。

このときの松下の出演について、今日残る記録は筆記によるものだけであり、音声記録はない。筆記録では、咳払いを省いて記録していたようである。社員だった後藤清一は、「ワシらの大将も、とうとう社会的に認められるようになったぞ」という気持ちだったと述べている(後藤清一『叱り叱られの記』)。

ラジオ番組「店員の時間」

一九三八(昭和十三)年十月「店員の時間」という番組がスタートした。第二放送で夜十時から二十分間の番組であった。昼間は小売店の店員として働く未成年に対して、教養と娯楽を与えようという企画である。この番組に、松下も一九三九(昭和十四)年三月四日出演した。商売のコツは人から教えられるものではなく、みずから体得するものであると主張し、最後に次のように述べた。

皆さん、どうか現在の店員生活に日々真心をささげて、互いに相励まし、主人同僚に対しては申すまでもなく、得意先や仕入先に対しても、どこまでも懇切丁寧を旨として接してください。

商売は決して私事ではありません。その営みはいかに小さくともこれみな公事、すなわち〝公〟の仕事であります。国家の官吏が国家のために職務を行うのと何らの違いもありません。

昔は往々にして、商売人というものは世間からいやしめられていた傾きがありました。商人は自己を中心に商売をし、自己の金儲けのために商売をするものだとの考えがもたれていたのであります。しかし、今日は断じてかかる見解に立つべきではありません。

〝公〟のための商売であり、〝公〟のための金儲けであるとの強い信念のもとになさねばなりません。

店員生活、店員修業もみなこの見地に立って、精進せられたいのであります。私は興亜建設の非常時局における実業人として、重要なる分野を占めらるる店員諸君の奮起を促し、心からその向上を願ってやまない次第であります。

（『松下幸之助発言集』第一一巻）

商売は私事ではなく公のことであり、国家や社会に貢献するものであるという考えこそ、松下の揺るぎない信念であった。

ラジオの教養番組から生まれた〝松下幸之助の言葉〟

一九四一（昭和十六）年三月二十四日から三日間、真理運動の副代表格であった高神覚昇は「父母恩重経講話」を放送した。人気番組「朝の修養」の出演であり、初日は東京から、あとの二日は大阪からの放送であった。友松圓諦と真理運動を全国で展開し、すでに有名になっていた高神であるが、この放送は久しぶりに大きな反響があった。

高神の二日目の放送を聞き、松下は感銘を受けた。松下は社員の前で次のように語った。

けさラジオの修養講話で、〝孝行〟についてまことに結構な話を拝聴し、いまさらながら感銘を深くしたのである。

孝行ということについては、われわれ子どものときから行住坐臥《ぎょうじゅうざが》に教えられてきたのであるがなかなかにいたりがたく、ことに早く両親に先だたれた自分などは、顧みてただただ不徳を悔いるのみである。

「孝は百行のもと」と古人の教え実にそのごとく、孝の道は単に父母への仕えにとどまらず、すべての環境に対し誤りなき生活の基準となるもので、孝心の厚い人は、どこでどんな仕事に携わってもおそらく間違いのない人であり、必ず立身出世のできる人である。

けさこの講話を聞くにつけ、わけて本春入社の諸君に申しあげたい。多年その温い膝下《しっか》ではぐくみ育てた諸君を、初めて遠く実社会に送った諸君の親たちは、雨につけ風につけ、どんなに諸君の身の上を思い案じておられるだろう。松下電器とははたしてどんな会社か、上役先輩はよい人であろうか等々、いろいろと心配しておられることと考える。

されば諸君は、怠らずにたびたび親もとへ通信して、少しでも安心していただくよう心がけてもらいたい。もちろん会社からも、諸君の入社後の動静についてはよく報告申しあげさせるつもりである。

けさの講話を拝聴して、心打たれたものあり、この感激を諸君に分かち、反省して日々に処していきたいと痛感して、お話し申しあげる次第である。

（『松下幸之助発言集』第二九巻）

講話の最初に、高神は『父母恩重経』の一節を紹介した。そのなかに「行住坐臥」という言葉があった。松下はラジオで聞いたこの言葉を、その日のうちに社員の前で使っている。

最初期から頻繁にラジオに出演していた高嶋米峰は「物心一如」「迷信の打破」「人としての成功」「諸行無常は生成発展の法則」「商業とは世の人を真人間にすること」とラジオで主張した。友松圓諦は、「素直な心」「商業とは人をつくること」「道は無限にある」「世間は正しい」と主張した。今日、パナソニック関係者の間で、これらは〝松下幸之助の言葉〟として語り継がれている。松下は、ラジオの教養番組と同じ言葉を頻繁に口にしていたのである。

松下は、社員たちにしばしば言っていた。

「君な、商品というものは、抱いて寝るくらいかわいがりや」

小学校を中退して丁稚奉公に出た松下は、勉強をしたくてもできない境遇にあった。

日々、さまざまな教養を与えてくれるラジオは、松下にとって抱いて寝るくらい、いとおしいものだったようである。松下は、受信機を普及させて、一人でも多くの人にラジオ放送を聞いてもらうことをみずからの「使命」としたのであった。

松下の戦争協力

一九三六（昭和十一）年八月より、松下電器はラジオの組み立て工場に、ベルトコンベアを導入した。これはラジオ業界において、「松下式流れ作業方式」と呼ばれた。

太平洋戦争が始まり、船舶が不足してくると、海軍は松下の大量生産方式に目をつけた。この方法を造船に応用できないかという話を持ちかけてきたのである。一九四三（昭和十八）年四月、松下は松下造船株式会社を設立し、海軍に協力することになった。松下は二〇〇トンの木造船を周囲も驚くようなペースでつくっていった。流れ作業のシステムで船をつくったのは、当時、松下だけだったと言われている。この方法で、終戦までに五六隻の船を建造したのであった。

さらにのち、今度は飛行機の製造を依頼された。エンジンは三菱製で、機体を松下でつくってほしいというものであった。しかも依頼されたのは、木造の飛行機である。松下飛行機株式会社は、一九四五（昭和二十）年一月、試作の木造飛行機三機を見事に飛ばしたという。

終戦になると、これらの船や飛行機の代金は一切軍からもらえず、多額の借金だけが残った。航空事業に手を広げた重工業コンツェルンだと誤解され、財閥指定に苦しむことになる。この経験について、後年次のように語った。

いま考えてみると、私はやっぱり若かった。それはもちろん軍のためだとか、日本国民として国に尽さなければいかん、一面そういう気もあったにはあったけれども、半面はやはり血気盛んで、よし、やったろう、という気になったのだ。それでついそういうことに手を出した。五十パイの船と三台の飛行機はあとで多少の慰めにはなったけれども、結局そういう仕事をしたために、戦後の五年間は再起するのがひじょうに困難であった。この仕事からの大きな借金は全部わたくし個人で負担した。その時分は個人的経営が強かったから、カネは全部わたくし個人が借りて、新会社の株を持った。だから、おもしろいといえば、おもしろかったけれども、ひとたび失敗したら、打撃もひどかった。

そこで私は考えるのに、そういう若気の至りというか、血気というか、人間だれしも、多少とも、よし、おれが出てやったろう、という気負った気分があるものだが、そういう気になったときに、人間は注意しなければいけない。おおむね失敗するのは、そういう気分がツッと出たときである。

（松下幸之助『仕事の夢暮しの夢』）

松下は、「今度の大戦も、やはり軍が、よし、世界にひとつ覇をとなえてやろうといって、ちょっと生意気なところがあったのだと思う」と語っている。

考察――ラジオを国民的なものにした功績

今日ラジオを含むＡＶ機器メーカーに勤務している人は、世間から堅実な仕事をしていると思われる場合が多いであろう。松下がラジオ業界に参入する前の状況を考えれば、今日の状況は隔世の感がある。松下は、「梁山泊」と評され、水商売同然とみなされたラジオ市場に乗りこみ、業界のモラル向上のために奮闘した。その熱意によって、ラジオを「ラジオファン」だけのものから、国民的なものとして普及させた。みずからの製品に「ナショナル」と名づけたのは、ただ多く売りたかったのではなく、国民生活の向上に貢献したかったからであった。ラジオ業界のモラル向上に多大な貢献をしたという意味において、松下は高く評価されるべきである。

松下はラジオを普及することで国の文化水準をあげる「ラジオの使命」に沿った活動を

した。ラジオは上手に使えば便利な道具であり、社会にとって有益なものである。松下はその利点に注目してラジオ受信機を広めようとしたのである。だが、ラジオ受信機が普及すると、放送は国民の戦争気分を煽ることに使われてしまった。日本放送協会による独占放送や、過度の言論統制を早い段階でやめていれば、松下の熱意は社会に正しく反映されていたのではないか。

敗戦で荒廃した日本を見て、松下は日本の何かが間違っていたはずだと考えた。彼は、その「何か」を明らかにするため、戦後になると、繁栄、平和、幸福を追求するPHP運動を起こした。さらに民主主義の研究と普及を目的とする新政治経済運動を推進した。後年にはこれらの運動の延長として松下政経塾を創設し、社会をよりよくするための活動を続けた。松下はその生涯にわたって、常に熱意の人であった。

第四章　希代のラジオ扇動家　松岡洋右

松岡洋右とは

太平洋戦争の戦争責任は誰にあるのか。今日ではその筆頭として、東條英機を思い浮かべる人が多い。東條こそ、ドイツで言うヒトラーのような存在だと一般には思われているようである。

しかし、東京裁判のさなか、被告や弁護人たちの考えは違っていた。彼らは、戦争に関するすべての罪は、松岡洋右が負うべきだと考えていた。「すべての罪は松岡へ」という考えは、被告の間の〝公然の秘密〟であったとも言われている。

太平洋戦争は、ドイツ、イタリアと同盟を結び、ソ連とは中立を保ち、主に南方に攻め入って、アメリカやイギリス、オランダと戦う戦争であった。三国同盟とソ連との中立条約は、松岡がほとんど単独で成立させたものであった。この戦争の大まかな枠組みをつくったのは、間違いなく松岡である。東條英機ら軍人は、この枠組みのなかで戦争を実行したのである。「大東亜共栄圏」「五族共和」「満蒙は日本の生命線」など、松岡がつくって広めた言葉は多い。それまで一部軍人が使っていたにすぎない「皇国」という言葉を、政府の公式文書や談話に多用したのは、松岡が最初であったと言われている。手相占いで使われていた「生命線」という言葉を、「物事が成り立つか成り立たないかの分かれ目で、絶対に守らなければならない地点や限界」（『広辞苑』）という意味で広めたのも松岡であった。

松岡は頻繁にラジオに登場し、雄弁に語り、男気を売り、大衆の人気を集めた。太平洋戦争初期の東條人気を除けば、開戦前から終戦まで、もっとも大衆に支持された政治家であった。また、結果的に人気者となったというよりは、ラジオを使って意図的に大衆の支持を集めようとした。松岡は、それまでの時代には存在しなかった、まったく新しいタイプの政治家であった。

「すべての罪は松岡へ」と言われたのは、結果的に太平洋戦争が失敗だったからである。もし一連の外交政策が成功裏に終わっていれば、「すべての功績は松岡へ」と解釈されていたかもしれない。これこそ松岡が狙ったことであった。松岡は、ドイツにおけるヒトラーの如く、大衆が熱狂的に支持するような「世紀の英雄」を目指した政治家であった。

四十歳までの松岡

松岡洋右は、一八八〇（明治十三）年三月四日、山口県熊毛郡室積浦、現在の光市室積で生まれた。生家は今津屋と号して代々回船問屋をしていた。松岡本人は「俺の先祖は海賊だったらしい」と語っていた。幕末の今津屋には、多くの勤王の志士が出入りしていたと言われている。米相場での失敗などもあり、松岡が十歳のときに今津屋は没落した。

子供のころの松岡は、勝ち気で利発であり、「ケンカ松岡」とあだ名がつけられるほどであった。ケンカといっても腕力に訴えるのではなく、すべて理詰めで相手を攻撃するものであった。学校の授業でも、先生が少しでも間違ったことを言おうものなら、徹底的に理窟でやりこめた。同級生は、これを「松岡時間」とか「松岡嵐」と呼んでいた。「松岡時間」が始まると、授業はめちゃくちゃにされるのが常であった。

松岡の伯父は、当時アメリカに渡って成功していた。アメリカ行きを勧められた松岡は、十二歳にしてアメリカに渡った。松岡の父、三十郎は時を同じくして病死している。後年の松岡は、母親に尽くして孝行を怠らなかったが、父についてはほとんど語らなかった。オレゴン州ポートランドへ行った松岡は、ダンバー家に引き取られ、学校へ通った。人種差別にあいながらも、やがてオレゴン大学を無事に卒業した。

のちにアメリカ人とはどんな人間かと問われ、松岡は次のように答えている。

野中に一本道があるとする。人一人やっと通れる細い道だ。君がこっちから歩いて行くと、アメリカ人が向こうから歩いて来る。野原の真ん中で、君たちははち合わせだ。向こうも引かない。そうやってしばらく互いににらみ合っているうちに、しびれを切らしたアメリカ人はげんこつを固めてポカンと君の横っ面を殴ってくるよ。さあ、その時にハッと思って頭を下げて横に退いて相手を通してみたまえ。この次からそんな道で行き合えば、彼は必ずものを言わずに殴ってくる。それが一番効果的な手段だと思うわけだ。しかし、その一回目に君がへこたれないで、何くそと相手を殴り返してやる。するとアメリカ人はびっくりして君を見直すんだ。おやおや、こいつはちょっとイケル奴だというわけだな。そしてそれから無二の親友になれるチャンスがでてくる。

（松岡洋右伝記刊行会編『松岡洋右——その人と生涯』）

松岡はこれと同様のことを、周囲の人間に対して頻繁に語っていた。アメリカ人に対して絶対に譲歩してはならないというのが、アメリカに滞在して得た経験則なのであった。日本に残った実兄が経済的に成功したので、大学を卒業した松岡は帰国した。当初は東京か京都の帝国大学で学び、政治家になりたいと考えていた。しかし大学生のノートを見せてもらって、レベルの低さにあきれたという。今度はヨーロッパへ留学に行きたいと思い、外交官試験を受けることにした。外交官になれば、公費で留学できると考えたからである。松岡は首席で合格し、上海で勤務することになった。以後、満州やアメリカなどでも勤務し、一九二一（大正十）年、四十歳まで外務官僚として活躍した。

雄弁家として著名に

外務省を辞めるとき、松岡は誰にも相談しなかった。元来、松岡は人に相談して物事を決めるタイプではなく、その野人的な気風も官僚の世界とそりが合わなかった。松岡の夢は、あくまで大衆が熱狂的に支持するような大政治家になることであった。

松岡が上海に勤務していたころ、山本条太郎と懇意になった。外務省を辞めた松岡に、当時衆議院議員だった山本は、満州鉄道の理事にならないかと打診してきた。松岡は政治家への道からそれることを憂慮しつつも、満鉄の理事となった。事実上の副社長であったとも言われている。

満鉄に来て松岡を驚かせたのは、社員の怠惰な態度であった。あるとき、松岡は社内に通達を出した。

「午前八時までに出社しない者は、即刻辞表を提出するべし」

松岡は、主な幹部の才能を正確につかんでいた。周辺事情を綿密に調査し、決断するときは大胆であった。わがままを言う社員に対しては、厳しい調子で怒鳴りつけた。周囲は松岡に「神武天皇」とか「日本一」というあだ名をつけて恐れた。松岡の持つエネルギーは、怠惰な社風を一変させたのであった。

満鉄に入った松岡は、中国全土に足跡を残した。「満蒙は日本の生命線」という主張は、地図の上で考えたものではなく、実際に見て歩いた実感であった。松岡がのちに述べる「大東亜共栄圏」も、こうした体験からにじみ出たものであった。

やがて山本は満鉄総裁に就任し、松岡も正式に副総裁になった。暴れ馬の松岡は、山本の手綱さばきでその才能を遺憾なく発揮し、駿馬のごとく活躍した。多くの松岡の伝記は、松岡の人生でもっとも幸せだったのは、この副総裁時代であったと記している。

一九二八（昭和三）年、関東軍の暴走により、張作霖《ちょうさくりん》爆殺事件が起きた。時の田中義一内閣は責任をとって辞任し、慣例に従って山本総裁と松岡副総裁も辞任した。

一九二九（昭和四）年、民間の国際調査研究団体である太平洋問題調査会の第三回大会が、京都で開催された。日本側の四〇人あまりの出席者の一人として、この会議に参加した。日本側の理事長は新渡戸稲造であり、出席者の一人として下村宏も名を連ねている。会議は十月二十八日から十一月九日までであった。

この会議である日、満州問題が議論された。当時、満州問題を国際間で話し合うときは、必ずと言ってよいほど日本が被告のような立場に立たされ、ひたすら弁明する形になるのが常であった。

松岡は、聴衆の前で英語による演説をする機会を与えられた。原稿なしの即興の演説である。松岡は次のように英語で主張した。

私の歴史観を以てすれば、世界の歴史は多くの国民、または人種の、いわゆる盲目的衝動の錯乱と反応によってつくられるものであって、意識ある力は存外に寄与するところが多くないと思うのであります。この歴史観より見れば、スラブ民族は再建され、再構成されて、現在の状況の中より頭をもたげ来る時には、かつて帝政下に見たそれよりもさらによりよい、しかしより強大なるロシアの出現を見るべく、しかしてその時こそ以前に比して、一層強烈なる力をもって極東に押し寄せ、再び海に向って満州を席巻するに相違ない。このことのあるべきは、今私が現に生きて諸君の前、ここに立っておるという事実と同じように確かなことである、と信じます。由来、私はスラブ民族の将来に対し、確信を持っておる者であります。第二の李鴻章《りこうしょう》が現われようが、現われまいが、今申した事象があまり遠からざる将来に起ってくるものである、ということを確信致します。この氷に閉ざされない海に向って出るということは、スラブ民族の一つの盲目的衝動である。この盲目的衝動は、スラブを駆って他の方向にうって出でしむるかもしれないが、とにかく一つの方向は極東を目指しております。いよいよ極東に捲土重来《けんどちょうらい》する時、それがはたしていかなる形を取るであろうか。それは、今は分かりませぬが、しかしえらい真剣なる捲土重来になることだけは間違いないと思います。すなわちこのスラブの重来、この猛襲に対して支那はよく独力でその北辺を守り、断じて再び日本の存在を危殆《きたい》に陥れ、もしくは日本の国家的安泰を脅かすが如きことなしと首肯できるだけの保障を、諸君は与えてくださることができますか？

歴史は繰り返す。しかしてわれら日本人はこの点に関して、真に深慮を抱いておるものであります。支那がこの日本の国防上の重大問題に対して、何ら満足なる保障を与えざる限りは、私は言う。日本は到底今日までの態度を容易に、そう軽く改め得ないものである、と。

（『松岡洋右——その人と生涯』）

松岡によれば、ソ連の南下の脅威に対して中国は無力であるという。ソ連の南下を阻止するために、満州には日本の軍隊が駐留すべきだと訴えた。この松岡の主張は、当時の多くの日本人が漠然と共有していた考えである。英語で堂々と日本の立場を語る松岡の姿は、日本の聴衆にとって、頼もしい限りであった。日本の言い分をうまく言えないことが多いなかで、松岡の演説は日本人から絶賛された。演説が終わると新渡戸は松岡に歩み寄り、涙を浮かべて無言で握手した。新渡戸はのちに次のように語った。

「私は日本にあのような英語のうまい人物がいるとは思わなかった」

このとき以降、松岡の名は広く知られるようになった。時に松岡、四十九歳であった。

大演説「十字架上の日本」

一九三〇（昭和五）年二月、衆議院総選挙が行なわれた。政友会に入党した松岡は、山口第二区から立候補した。投票の結果、一万七二三九票を集めるトップ当選となった。三十歳になったら政治家になりたいと考えていた松岡は、五十歳近くになってようやく念願の政界入りを果たしたのである。

松岡は翌一九三一（昭和六）年の一月二十三、四日、衆議院本会議で質疑演説を行なった。このとき、松岡は「経済上、国防上、満蒙はわが国の生命線である」と主張した。「生命線」は政友会の公用語となり、陸軍にも採用され、新聞でも使われるようになった。そしてもちろん、ラジオで多用された。

一九三二（昭和七）年一月、第一次上海事変が起こった。松岡は、外務大臣特使として上海に派遣された。この問題について天皇にご進講したり、リットンと会見したりするなど、松岡は精力的に動いた。松岡の尽力により、第一次上海事変は停戦協定が結ばれ、ひとまず落ち着くことになった。この実績と太平洋会議京都大会での演説で、松岡の評価は非常に高いものとなった。

一方、同年三月に満州国が建設された。九月には日本が承認したが、自分たちの国のなかに別の国ができたことに驚いた中国は、この問題を国際連盟に提訴した。リットン調査団は現地調査の結果、満州を国際管理下に置くべきだと主張した。

スイス・ジュネーブにて、この問題が話し合われることになる。日本側の代表は、あくまで外国語が得意で演説のうまい人を選ぶとされ、白羽の矢が立ったのは松岡であった。松岡は、まず十一月二十一日「わが立場を主張す」という演説を連盟議会の場で行なった。二十三日には「連盟よ、慎重なれ」、十二月六日に「支那の存在は日本の力」と題する演説をしている。

何度演説を行なおうが、日本の要求は充分に通りそうになかった。国際連盟の場では、満州国建設を日本の侵略行為とみなす空気が強かったと言われている。

十二月八日、松岡は「十字架上の日本」と題する演説を英語で行なった。これこそ、松岡を「世紀の英雄」にした大演説であった。この演説を行なうにあたって松岡は草稿も詳しいメモも用意しなかった。

演説は、多くの国がリットン調査団報告書の一部を不当に引用し、間違った解釈をしているという指摘から始まった。

一例を挙げれば、演説者の多くが、調査団の報告書中、九月一八日夜における日本軍の行動に関して記述された次の如き一節のみなぜか引用したがることであり、これは理解に苦しむところである。

「同夜における日本軍の軍事行動は、正当なる自衛手段と認めることを得ず」

これは各代表によって引用された文句であるが、この文句に続く同じ一節中の残りの部分については、私の記憶する限りでは、わずか一、二の代表が言及されたのみで、大抵の人はこれを黙殺しておられた。その残りの部分というのは、次の如き一節である。

「もっとも調査団は、現地にいた日本将校が自衛のために行動したかもしれないという仮説を排除しない」

私の聞くところが正しいとすれば、調査団委員諸氏の間には、この二節に関して議論の沸騰をみたそうである。二、三の委員はこの第二節によって条件づけられない限り、第一節は受諾し得ずと主張されたと聞いている。もし諸君がこの点につき証拠を出せと言われるなら、私は本総会に対して調査団を招致せられたいと提議してもよいのである。

（竹内夏積編『松岡全権大演説集』）

続いて、ギリシャ代表や中国代表の言葉を引いて、彼らは日本に対して偏見を持っていると批判した。連盟を脱退する可能性を匂わせ、日本は連盟による制裁であろうと覚悟していると強気の姿勢を打ち出した。

最後に松岡は、イエス・キリストを引き合いに出して次のように述べた。

みなさんもご存じの通り、国際連盟の目的は平和にある。列強、すなわちアメリカにしても、イギリス、フランス、その他の国にしても、目的は同様に平和にある。日本の目的もまた、いろいろなプロパガンダがあるにもかかわらず、平和にある。われわれの目的は相互に差違があるとは思わない。ただその手段に関して多少の差があるだけである。われわれは現に、わが国にとって生きるか死ぬかという重大な問題に取り組んでいる。同時にわれわれは、極東における秩序の回復という重大な問題に取り組んでいる。代表諸君でさえ、かつて賞讃されたその歴史を見ても、日本人は極東について充分な認識をもっており、自分たちが現に極東においてとりつつある行動、ならびにその相手についてもっともよく熟知していると言っても常識はずれではない。

ヨーロッパやアメリカのある人々は、世界の世論は日本に反対しているとか、日本は世界の世論を無視するものだととなえている。はたしてそうであろうか？　われわれはヨーロッパやアメリカの各地から多くの手紙、時には電報さえ受け取っている。それらはすべてわれわれの立場、われわれの議論を理解し、われわれの現在の態度を守るように激励してくれている。しかもこういう人々は、いよいよ増えつつある。この事態は世界中いたるところで次第に理解されつつある。

しかし、たとえ世界の世論が日本に絶対的に反対したとしても、その世界の世論は永久に存続し、変化しないものであると諸君は確信できるのであろうか？　人類はかつて二〇〇〇年前、ナザレのイエスを十字架にかけた。しかし今日はどうであろうか？　諸君は、いわゆる世界の世論とされるものが誤っていないとは、はたして保証できるであろうか？　われわれ日本人は、現に試練に遭遇しつつあるのを覚悟している。ヨーロッパやアメリカのある人々は、今二〇世紀の日本を十字架にかけようとしているではないか。諸君、日本はまさに十字架にかけられようとしているのだ。しかしわれわれは信じている。かたく信じている。わずか数年にして、世界の世論は変わるであろう。そしてナザレのイエスがついに世界から理解されたように、われわれもまた世界から理解されるであろう。

（『松岡全権大演説集』）

あるときは天を指さし、あるときは胸を叩き、あるときは両手を広げ、机を叩き、興奮と悲壮の面持ちで松岡は語ったとされている。後日、この演説の様子は、新聞やラジオのニュースで日本にも伝えられた。演説そのものの中継放送はなかったようである。

ニュースが伝えられると、さまざまな識者が松岡を絶賛した。

「詩だ、詩だ、この言葉が、九千万人の真心を代表して、自然にほとばしり出た詩でなくて、何であろう」（森清人『松岡洋右を語る』）

「この一世一代の大演説を前にして、松岡さんは全然草稿をつくっていない。ただ小さな紙片に心覚えを八項目書きとめただけだ。なんという大胆さだろう」（大川三郎『巨豪松岡洋右』）

「一時間半にわたる大雄弁が終わるや、堂を圧するような万雷の拍手がわき上り、議場は酔ったように、この雄弁と堂々たる態度を褒めたたえた。ことに、列席の日本人はみな泣いた。すべての日本人が常に思い、常に信じていたことを、思う存分しかもはっきりと松岡代表が言ってくれたからだ」（萩原新生『世紀の英雄　松岡洋右』）

「松岡先生はお母さまの誠心を思うと『自分の身を粉にしても国のため、世界のために尽そう』というお心持ちになるのでした。『この母にしてこの子あり』――松岡先生親子こそ、まことに日本人のよい典型ということができましょう」（川村新太郎『松岡洋右孝行美談』）

あらゆる美辞麗句で松岡は激賞された。松岡は、日本の英雄となった。

国際連盟脱退と「サヨナラ・スピーチ」

演説後、松岡たちは多数派工作を行なった。十二月二十四日には、欧米へ向けたラジオ演説を行なっている。しかし、日本に賛同する国は少ないままであった。

一九三三（昭和八）年二月二十四日、採決の日がやってきた。当時の加盟国五七カ国のうち四五カ国が出席していた。リットン調査団の述べるとおり、満州に憲兵制度を布《し》いて国際管理下に置くかどうか、決議がとられようとしていた。松岡は採決の前に四十六分間の演説を許されたが、情勢は覆らず、賛成四二、反対は日本の一、タイは棄権し、チリは投票に参加しなかった。松岡は壇上にのぼり、「日本政府は、日本と中国の問題に関して、国際連盟と提携する努力を今やこれ以上なしえないと判断する」と発言し、連盟を脱退した。

ジュネーブを離れた松岡は、すぐには日本へ帰らなかった。まずイタリアへ行き、ムッソリーニと会見した。長い会見を嫌うムッソリーニであったが、よほど松岡のことを気に入ったのか、五十分も話しこんだ。翌日には、イタリアのすべての新聞が松岡を絶賛した。

続いてアメリカに渡り、三月二十四日、全米へ向けたラジオ放送を行なった。二十八日はニューヨークの日本商業会議所で演説し、その模様はラジオで中継放送された。松岡は、連盟が中国人や日本人の幸福よりも、連盟自身を維持することに腐心していると厳しく批判した。この放送は、松岡を全米の人気者にしたようである。四月一日にはシカゴから、十二日にはサンフランシスコから、放送を行なっている。最後の放送は「サヨナラ・スピーチ」と呼ばれ、アメリカ人の賞讃を集めた。放送を次のように締めくくっている。

日章旗と星条旗を、永久に太平洋平和の象徴たらしめよ。両国民をして、信頼と友愛のうちに、平和と人類の幸福という共通の目的地に向って共に進ましめよ。
諸君に対するお別れの言葉を、日本語で言うことを許して頂きたい。われわれがいつも友人に別れを告げる時に使う言葉は、日本語のうちでもっとも美しいものの一つである。それを今、諸君に贈ろう。「サヨウナラ」。

（『松岡全権大演説集』）

四月十八日には、ハワイへ寄港し、講演を行なった。これもハワイ全島に中継放送された。

二十七日、松岡は横浜へ到着した。横浜港は、松岡を待ち受ける熱狂で沸き返っていた。大群衆が岸壁を埋め、みなが日の丸を手にし、万歳を何度も叫んだ。これまでの日本は、連盟の言いなりになっていたと多くの日本人が感じており、理不尽な連盟と縁を切って「自主外交」を打ち立てた松岡は英雄であると解釈された。イタリアやアメリカで大衆の人気を集めたことも賞讃の要因となった。英語ができることが、日本で過大評価されていた時代でもあった。松岡は、メッセージを発した。

「日本各地から帰朝に対する熱烈な歓迎電報を受け、感謝しているが、実はこのような熱烈なる歓迎を受ける資格はなく、歓迎を受ければ受けるほど、自分の微力を痛感するのみである」

この謙虚な態度は、さらに大衆の心に火をつけた。五月一日にはラジオに出演し、「ジュネーブより帰りて」を放送した。九月には日比谷公会堂で「満州事変に際し国民にうったえる」という講演を行ない、これもラジオで中継された。

熱狂する大衆を見て、松岡は陰で次のように言った。

「私は明らかに失敗して帰ってきた。私をこんなに歓迎するなんて、みんな頭がどうかしていやしないか」

大衆の英雄から満鉄総裁へ

帰国後の松岡は、一九三三（昭和八）年十二月二十三日、政党解消運動を起こした。スローガンは「一、即時政党を解消せよ。一、一国一体を確立せよ。一、昭和維新を断行せよ」というものであった。四年間の議員生活を通じ、松岡は政党が党利党略ばかりを考えて国益を考えていないと実感した。また、政党政治はあくまでインテリによるものであり、肉体労働者などの大衆は、蚊帳《かや》の外に置かれていると感じていた。政党解消運動は、西洋主義的なインテリを批判し、保守的な労働者階級を政治の主役にするのが狙いであった。

松岡は政友会を脱し、衆議院議員も辞めてしまった。運動資金は講演会の入場料でまかなった。演説会を開くときは、会場の中央に国旗、左右にスローガンと演題を掲げた。プログラムに国歌斉唱を加えたのも、当時としては先駆的であった。雄弁家の松岡は、どこへ行っても聴衆の人気を集めた。

松岡の演説は、わかりやすい言葉が多かった。松岡は、本を読むのがあまり好きではなく、英語が堪能な日本人にありがちなように、日本語の語彙《ごい》はそれほど多くなかった。しかし、カタカナ語を多用することもなかった。代わりに多く用いたのは新造語である。「大東亜共栄圏」という造語は、松岡がつくった言葉のなかでもっとも広く用いられたものであった。

松岡の演説は放送されるだけでなく、レコードにもなった。連盟総会における日本脱退の宣言やジュネーブを去る際の演説などは、多くの大衆がレコードでくりかえし聞いた。あるいは、これらがラジオで放送されたこともあったかもしれない。連盟脱退からしばらくたっても、松岡は大衆の英雄でありつづけた。大衆を扇動して独裁的な権力を確立することが、必ずしも悪いことだと思われていない時代であった。松岡の政党解消運動は、二〇〇万人もの賛同者を集め、挙国一致体制に大きく寄与したのであった。

一九三五（昭和十）年八月一日、請われて再び満州鉄道に戻るため、松岡は政党解消運動を解散した。今度は満鉄総裁に就任した。

総裁になってからの松岡は、日独の同盟を考えはじめた。一九三六（昭和十一）年十一月に調印された日独防共協定を高く評価し、これをさらに強化したいという思いからであった。松岡は、連盟を脱退して日本を孤立させてしまった責任を感じていたようである。日独同盟は、かつての日英同盟に代わるものだと認識していた。

外務大臣松岡の早技

満鉄総裁の職を通じて、松岡は次第に近衛文麿に傾倒していった。近衛もまた松岡を評価し、わざわざ自分の別邸に松岡を呼びよせて、組閣の際にはぜひ入閣していただきたいと要請した。

米内光政《よないみつまさ》内閣が総辞職すると、近衛が首相に任命された。一九四〇（昭和十五）年七月十九日、近衛は荻窪の私邸に東條英機と松岡らを呼びよせて新内閣の構想を練った。七月二十二日、松岡は晴れて外務大臣として入閣した。

就任早々に、松岡は「松岡旋風」と呼ばれる人事の刷新を行なった。対米大使ら四〇名を帰国させる大改革であり、軍部から外交権を取り戻すのが目標であった。外務大臣就任のあいさつで次のように言っている。

「もし私に対して言うことがあれば、どなたでもよいから議論をしてもらいたい。殴り合いでもやりましょう。そんなことを私は躊躇するものではない」

松岡を向こうにまわして、議論で勝てる者はいなかった。ある人は、松岡と話していても、九五パーセントは松岡が語っていたと言っている。またある人は、松岡はいろいろな意見を相手にぶつけてみて、その顔色をうかがいながら相手の意見を推測し、相手が自分の意見を言う前に論破してしまうと述べていた。子供のころからの「松岡時間」は、大臣になっても健在であった。また、頻繁にラジオに登場して、大衆の支持を取りつけた。ある政治家は言っている。

「松岡さんは、どこに行っても放送局のスタジオをよく見つける人だ」

大臣になった松岡は「皇国」「皇道」「大東亜共栄圏」といった言葉をいっそう多用するようになった。松岡が述べた当初の「大東亜共栄圏」は、フィリピンを含まず、マレーシアやインドネシアなどは、まったく眼中になかったようである。仮想の敵とされたのはイギリスとアメリカであった。

一九三九（昭和十四）年九月、ヨーロッパで第二次世界大戦が勃発した。翌一九四〇（昭和十五）年九月二十七日、日本はドイツ、イタリアとの三国同盟を結んだ。ドイツへ軍事同盟を打診してから二カ月を経ず、正式に交渉すると決定してから一カ月もたたない早技であった。ほとんどが松岡一人による交渉だったと言われている。内大臣であった木《き》戸《ど》幸一《こういち》は、のちにこう語っている。

「この同盟はあまりにも急速に進展し、交渉の経過については近衛首相さえよく知らなかったらしい。あのような重大な同盟の交渉が、こんなに急速に短時日に締結にいたった例は、他国にもかつてないことと思う」

このときすでに、ドイツ軍はマジノ線を突破し、パリを占領していた。ヒトラーの快進撃は、日本でもラジオで華々しく伝えられた。「バスに乗り遅れるな」という雰囲気のもと、勝ち馬に乗りたいと願う日本の世論が後押しした同盟であった。

同盟が成立した夜、松岡はラジオで国民に訴えた。

わが国の対外政策は、支那事変の処理に邁進し、大東亜共栄圏の建設に精進しつつ、やがて世界全体の真の平和をつくろうとするものであります。わが国のこの本当の心持はまだまだ世界によく認められておりませぬ。あるいは昔のままの、国と国との間の秩序をそのまま持ち続けて行くことを平和であると誤認し、あるいはこれを変更することはやむを得ないと考えておりましても、なお多分に現状に恋々としている国があるような状態であります。従って、列国の中には、日本が大東亜において新しい秩序をつくることを直接間接に妨害しようと企て、甚だしきにいたってはあらゆる方法で、真の世界平和を確立することをもってわが国開闢《かいびゃく》以来の大使命とする、皇国の進路を妨げんとする国のありますことは、誠に遺憾に堪えない次第であります。わが国の政府は従来かようなる事態を改善しようとして、できうる限り努力してきたのでありますが、依然事態はなかなか改善せられそうにも見えないのみならず、むしろ一面には、悪化さえしつつあると思われる節があるのであります。今や皇国は、ただ世界形勢の推移のままに何時までも、ふらふらしていることのできない巌頭に立たされるところまで事態は押し詰まってきたのであります。

この時にあたってわが国のとるべき途はただ一つしかありません。すなわち、内に、速やかに国防国家完成の新体制を確立し、一億一心、固い決意をなし、外に、わが国とほぼ同じ方針と心がけをもっているドイツ、イタリアの二国と結び、さらに進んで世界いたるところで、わが国と一緒にやっていける他の諸国とも提携し、断固所信に邁進すると同時に、これを妨げようとする国をして目を覚まさせ、世界新秩序建設という、大和民族終局の目的達成を期することであります。

そこで先般来、ドイツ、イタリアと折衝いたしました結果、先ほど発表いたしました日本、ドイツ、イタリア同盟に関する条約の成立を見るにいたった次第であります。

かようにしてこの歴史的な三国の同盟関係ができ上がりましたことは、叡聖文武に渡らせたもう天皇陛下のご英断によることでありまして、誠に恐れ多い次第であります。

（外交問題研究会編『松岡外相演説集』）

松岡は、この同盟はお互いに政治や軍事などあらゆる面において助け合うものだと述べている。必ずしもヨーロッパの戦争に参加する意図はなく、戦争を準備するものではないと言いつつも、時と場合によっては重大な覚悟を必要とすると主張していた。

ラジオ時代の英雄

一九四〇（昭和十五）年十一月三十日、皇紀二千六百年記念、新東亜経済建設大講演会が開かれた。松岡による壇上からの演説は、ラジオで中継放送された。

東亜共栄圏の建設については、前途幾多の困難が予想せられ、第三国中には、事変遂行三年有余になんなんとする日本が経済的に疲労困憊しおれりとの判断の下に、これに経済的圧迫を加え、かつ従来の通り蔣介石政権を極力援助するにおいて、日本の国力は漸次萎縮し、その抱懐する東亜共栄圏建設をも水泡に帰せしめえると誤解しておるものがあるようであります。すなわち米国の石油、屑鉄などの日本に対する輸出禁止措置、対支那借款ならびに英国のビルマルートの再開などは、この政策の現われであります。しかし、大東亜におけるわが帝国の使命が新秩序の建設であり、その大事業が大東亜圏内諸国の生存及び繁栄を確保する上において不可欠の条件である以上、この障害を断固として排除すべきであって、かつこれと同時に、日満支間の経済共同体系を整備強化することにより、日本は独自の国力をもってあくまで国策遂行の貫徹を期せねばならないのであります。

（『松岡外相演説集』）

松岡は、東亜共栄圏の建設を妨害するものとして、「米国」と「英国」を名指しにした。松岡による数々の演説のなかで、アメリカ批判の基調は次第に高まっていった。松岡の雄弁により、日本はアメリカを抑圧しているわけではないのに、アメリカが一方的に日本を圧迫しているという認識が、日本人の間で定着しつつあった。アメリカを憎む大衆の感情が次第に強くなってゆき、その結果アメリカも日本に対する警戒を強めてゆくこととなったのである。

一九四一（昭和十六）年三月、松岡はヨーロッパへ出発した。二十三日にはモスクワに到着し、スターリンとも会談した。松岡はスターリンに言った。

「日本人は道義的共産主義者である。この理念は遠い昔から子々孫々受け継がれてきた」

そのままドイツとイタリアを訪問し、ムッソリーニやヒトラーと会った。松岡はヒトラーとの会談でシンガポールを攻撃しなければならないと述べた。ローマを訪問した際には、ローマ教皇に対してキリスト教論を一席弁じた。再度ドイツを訪れたのち、モスクワに向かった。この間に、ドイツやイタリアの国民に向けてメッセージを発し、両国民の支持を取りつけることを怠らなかった。

このときのドイツ訪問で、松岡は独ソ戦が将来ありうることを聞かされた。松岡はこれを真に受けなかったと書いている伝記が多いが、松岡に近しい人々は、これを受け止めて次の対策を考えていたと述べている。

松岡は、四月十三日、モスクワで日ソ中立条約に調印した。次々と外交成果をあげる松岡に、日本の国民は熱狂した。たとえば、松岡は次のように持ち上げられた。

功をたてて驕らず、事に当たって謙遜、徳あって自らを卑小し、山の高さをもって地に居している。しかも豪腹なること洋々として、天気晴朗の日の青海原の如く、斗酒なお辞せざれども、酔うて乱れず。皇室を尊崇し、神々を敬拝し、仁義人情に篤く、閑を得れば句吟をろうして、俳味風流を解する。人懐っこいあの眼差し、うち解けたあの風貌。いっさい至誠をもって心情とし、正義に向って邁進するあの意気。松岡さんは、まさに「世紀の偉人」である。

（角谷緑三『松岡洋右伝』）

また、浅野秋平『民族の使徒　松岡洋右』は、「男、松岡洋右は男がなりたいと思う男の一人である」と書いている。同時に「私は松岡さんの顔をおがんだことがない」とも書いている。松岡は、ラジオ時代の英雄であった。

大臣を罷免される

一九四一（昭和十六）年四月二十二日、松岡は帰国した。松岡は二十六日、日比谷公会堂で訪欧の成果を報告する演説を行なった。この演説は、五十分間にわたって思いつくままを述べ、政府批判も辞さないという異様な内容であった。しかも演説はラジオで全国へ放送された。松岡は次のように吠《ほ》えた。

わが国民は真に天皇はありがたい、口を開けばいかにもこんな忠義なものはないというようなことを言う。本当に分かっておりますかい？　天皇政治とはなんぞや、ということが分かっておりますか？　それが分かっているなら断じて行なえぬこと、いけないことをしているではないか。これで天皇とは、いかなるものであるか、天皇政治とは、いかなるものであるか、それが果たして分かっているのか？

この天皇政治の一点に徹底して、「自分はとるに足らない人間であるが、ただ御稜《みつ》威《い》によって偶然にも御手足の一部になるんだ」ということに徹底した多くの政治家や軍人がいて下さるなら、統制もくそもあったものじゃない。（拍手）明日からはつらつとして来る。別に彼ら欧米に学ぶところはないのだ。それを知ってもらいたい。

だから私もそれを国民にお願いしたい。一体、大命を受けて「乃公《だいこう》出でずんば蒼生《そうせい》を如何せん」という気持ちをもつような者があったとしたら、何ごとか！　それは足利尊氏だ。（拍手）「俺が出なければ」とはなんだ。大きなお世話だ。松岡洋右が日本に生まれておろうが、あるまいが、天皇の御稜威によって政治が行なわれるのに何の関係があるか。何の損得があるか。国民の素質において、わが国は断じて彼に譲るものではない。それは悪い点はある。悪い点はいっぱいあるが、それはどこの人間にもある。差引勘定でみなの素質は断じて劣らんと思う。「それなら現状は如何」と言うなら、遺憾ながら現状はこれではいかん。どこにこれを引き締めるものがあるか。翼賛会、なんべんなりと改組しなさい。それは行きはしません。改組せんでもきょうから引き締めることができるんだ（拍手）。

（『松岡洋右――その人と生涯』）

演説筆記を読んでも、何を言おうとしているのかはっきりしない。松岡と長く一緒に働いていた斎藤良衛《よしえ》は、松岡には自分の演説に酔う癖があると言っていた。このときもまた、自分の雄弁に酔い、勢い余ったようである。華々しい外交成果を次々とあげた直後だっただけに、舌もまわりやすかったのかもしれない。脱線してタンカを切る松岡に対し、大衆は意味がわからなくても痛快なものを感じ、拍手した。また、公会堂における聴衆の拍手と歓声は電波に乗り、会場の熱狂的な雰囲気が全国に伝えられたのであった。

松岡が渡欧しているさなかから、近衛文麿は松岡に不信感を抱きはじめた。外務大臣である松岡を抜きにして、独自の対米交渉を始めつつあった。松岡の態度は、アメリカに対してあまりに挑発的であったからである。アメリカ側もまた、過激な松岡を外さなければ交渉に応じない構えになっていた。一方の松岡は、周囲にこう言っていた。

「今度はアメリカも引きつけてみせるよ」

独ソ戦の可能性を聞いて、松岡はアメリカとの提携に向けて外交政策を転換しようとしていたらしい。自分の弁舌に絶対の自信を持つ松岡は、アメリカに渡って直接話をつけようと考えていた。しかし、近衛はこれを信頼しなかった。アメリカ側の要請もあり、七月十六日近衛内閣は総辞職するという形で、体よく松岡を外相から外したのであった。再び組織された近衛内閣は短命に終わり、次に東條英機内閣が成立した。

昭和に入ってからの軍人は、国内では五・一五事件や二・二六事件を引き起こし、しばしば政治や行政への干渉を強めた。中国では満州事変を経て日中戦争へと戦局を拡大した。特に陸軍はときに上下関係すらあいまいになるほど混乱していたとされる。近衛は、国民精神総動員運動で軍部に対抗しようとしたが、状況を改善できなかった。

一方、東條は軍人としての規律を放送で訴え、そのかん高い声は真空管ラジオによく通った。直接東條に会ったことがない人も、ラジオを通じて東條のファンになった。昭和天皇も、東條の総理就任を望まれていたと言われている。東條はそうした期待に応えるべく軍人を厳しく統制し、陸軍に秩序をもたらした。

しかし、東條がアメリカとの交渉を継続して開戦を回避しようと努力すると、「弱虫東條」という大衆の厳しい非難が浴びせられた。松岡が大衆に植えつけたアメリカへの憎悪は、誰にも止められなかった。また、今度は海軍が暴走した。永野修身《おさみ》海軍軍令部総長は、太平洋におけるアメリカと日本の軍事力を比較し、開戦しても勝利できると主張した。石油禁輸など、アメリカの対日強硬政策に業を煮やした結果、東條内閣は日米開戦を決定した。開戦の決定に際し、ある官僚は東條が興奮気味であったと伝え、遺族は東條が号泣したと述べている。十二月八日、太平洋戦争が始まった。

太平洋戦争と松岡

外務大臣時代から次第に体を壊しつつあった松岡は、罷免後は帰郷したり、御殿場へ転居したりして、静かに療養生活を送っていた。病気は肺結核であった。普段は新聞やラジオを身辺に置かなかったが、太平洋戦争開始のときだけはラジオの前に座って動かなかった。

太平洋戦争初期の成功は、国民を熱狂させた。一つの作戦の成功に、一つの軍歌が生まれたのではないかと思うほど、ラジオは軍歌であふれた。たとえば、スマトラ島パレンバン攻略作戦で、日本軍は空から落下傘部隊を降下させ、石油関連施設を無傷のまま手に入れた。「空の神兵」という歌がつくられ、ラジオでくりかえし流された。

「見よ落下傘、空に降り、見よ落下傘、空を行く」

小春日和《びより》のピクニックのような明るいメロディーは、戦争の血なまぐさを微塵も感じさせない。太平洋戦争は、正しいものであるかのようなイメージがラジオによって宣伝された。論理や理性ではなく、音楽が持つ雰囲気や勢いだけが大衆に伝わっていった。勝利のニュースと軍歌は、日本中を恍惚《こうこつ》のうちに包みこんだ。

東條英機は松岡の政治手法を見習い、ラジオを通じて世論の支持を得ようとした。開戦前、国会にマイクを入れ、はじめてラジオの国会中継を行なったのも東條である。支持者たちは、彼を英雄として持ち上げるような演説をラジオでくりかえした。これらを通じて東條は大衆の支持を得ることに成功した。やがて東條の乗馬姿を一目見れば、その日は幸運に恵まれるという噂まで広まるようになった。

しかし、次第にラジオが勝利のニュースを伝えなくなると、東條の人気は衰えはじめた。それと呼応するかのように「松岡新党」の構想が持ち上がりはじめた。一部の軍人は、松岡と阿南惟幾《あなんこれちか》陸軍大将を中心とした政権をクーデターによって樹立しようと考えた。松岡は、総理大臣になるとも「総統」になるとも噂された。空襲が激しくなってくると、混乱した事態をまとめることができるのは、大衆の絶大な支持がある松岡しかいないと思われた。

やがて、昭和天皇による終戦の御聖断が下り、一九四五（昭和二十）年八月十五日、終戦の玉音放送となった。松岡は、和服の正装でこの放送を聞いた。松岡にとってこの放送は青天の霹靂《へきれき》だったようである。二階の窓から外を眺めながら、誰に言うともなくつぶやいた。

「これで、天皇さまとは最後か」

松岡は病気であったが、国際検察局によって拘置所に収容された。病状は悪化する一方であり、次に病院へ移された。取り調べの最後に何か言い残すことはないかと聞かれ、松岡はこう答えた。

　自分は外交官だから、外交の上では必ずしも本当のことばかり言わなかった。時には嘘も言った。しかし、自分はアングロサクソンほどの大嘘は考えつかなかったし、また言わなかった。だから自分の心残りなことは、たった一度でよい、アングロサクソンのような大きな嘘を言って死にたい。それだけだ。（『松岡洋右――その人と生涯』）

松岡は一九四六（昭和二十一）年六月二十七日、病死した。死去の知らせを受け、東京裁判の被告人や弁護人たちは、すべての罪を松岡にかぶせられないか相談したという。

考察――ラジオによる扇動政治の時代

松岡は頻繁にラジオに出演し、大衆心理を煽った政治家であった。国際連盟の場で語った「十字架上の日本」や、スターリンに語った「道義的共産主義」など、周囲が驚くような表現を多用した。また、大衆の熱狂的な支持を受け、驚異的な早さで同盟や条約を結んでいった。嘘八百、妄想家、神がかり、脱線屋、狂人など、一部からさまざまな非難を浴びたが、同時に、巨豪、国士、民族の使徒、世界的大人物、世紀の英雄と呼ばれ、常に大衆の人気を集めていた。

松岡の手法は、世論が紙メディアや演壇によって形成される時代にはありえないものであった。たとえば、ラジオや拡声器がなければ松岡の演説を直接聞く人は、多くてもせいぜい三〇〇〇人程度である。三〇〇〇万人に松岡の声を聞かせようとすれば、そうした演説を最低一万回行なう必要がある。毎日一回の演説を行なっても、一万回の演説をするには、三十年くらいかかる計算になる。しかしラジオ受信機が国民的に普及した時代になれば、それは一夜で可能となった。松岡は、この新しい時代において、ラジオ扇動家としての有り様をはじめて露骨に示した政治家であった。

近衛は優柔不断で、東條は狭量的、松岡は虚言症だったと言われている。しかしそれは、どちらかと言えば後世の評価であり、当時の大衆は彼らを支持したのであった。近衛も積極的にラジオに出演し、大衆に近づこうとした。また、徳富蘇峰《とくとみそほう》などの知識人が近衛の家柄と知性をラジオで賞讃した。東條と松岡はラジオを活用し、自身の雄弁によって大衆を引きつけた。時代の情勢は、紙と演壇で世論が形成される政治から、ラジオによって世論が形成される政治へと移った。この過渡期において、国民も政治家も、何が本当の世論で何が国民の支持なのか、判断を誤ったと言える。太平洋戦争に至る数々の誤った政策は、こうした錯綜《さくそう》した世論に根ざすものと考えられるのである。

もし松岡が病魔に冒されなければ、彼は東京裁判に最後まで出廷したであろう。得意の英語で、堂々と日本の立場を主張したと想像される。そして、おそらくすべての罪は自分にあると語ったのではないか。松岡は、そんな主張を力強く語る政治家であった。最後につきたかった大きな嘘も、そのときに飛び出したかもしれない。

第五章　玉音放送の仕掛け人　下村宏

下村宏とは

毎年八月十五日正午になると、日本中が黙禱《もくとう》をする。この日のこの時間こそ、太平洋戦争が終わった瞬間だとされているからである。しかし終戦に関する限り、この日のこの時間は、法律的には何の意味もない。内閣が終戦を最終決定したのは八月十四日であり、ミズーリ艦上において降伏の調印を行なったのは九月二日である。八月十五日正午は、終戦の詔勅放送があったにすぎない。要するにラジオ放送があっただけなのである。

それにもかかわらず、この日のこの時間が終戦の瞬間であるとされているのは、この放送が当時の国民にとって、決定的で衝撃そのものだったからにほかならない。玉音放送とは、そうした「衝撃」を国民に与えるべく、計算されたものであった。

玉音放送の実行総責任者は、情報局総裁の下村宏であった。前日の閣議は、玉音放送に関して下村に一任すると決定した。玉音放送は下村が発案し、下村が昭和天皇に言上し、下村が録音と放送の現場を指揮し、下村も出演した放送であった。

下村は玉音放送の責任者であったというだけではなく、ポツダム宣言無条件受諾の御聖断にもっとも影響があったと思われる人物である。一九四五（昭和二十）年八月八日、下村は昭和天皇に単独二時間の拝謁を行なっている。天皇の警備やインパール作戦に関する批判、原爆投下に関する情勢など、広範囲にわたってみずからの意見を天皇に述べた。その直後に拝謁した東郷茂徳《とうごうしげのり》外務大臣に対して、昭和天皇は「無条件降伏」を述べられている。翌九日から十日未明にかけての最高戦争指導会議で、昭和天皇は御聖断を下されたのである。

下村は、日中戦争初期からの早期終戦論者であり、軍部ににらまれながらも敵をつくらないように心がけ、終戦間際には国の情報機関のトップに上りつめた。少しずつ自分の考える方向に状況を持っていき、最後は決定的瞬間をつくり上げた。下村こそ、太平洋戦争を終わらせた男ではなかったか。

若き日の下村

下村宏は、一八七五（明治八）年三月十一日に和歌山県和歌山市で生まれた。父の房次郎は和歌山県会議員や和歌山日日新聞主幹などを務めていた。新聞に慣れ親しんでいた下村は、新聞の小説を毎朝、母や祖父母の前で声を張り上げて読んでいた。これが幼き下村の日課であり、本人は「臆面なしの声自慢」だったと回想している。

やがて父は失敗して、夜逃げ同然で東京へ単身赴任し、逓信省に勤めた。何にどう失敗したのか、下村は明らかにしていない。下村家は貧乏のどん底にあった。

中学時代の下村のクラスでは、先のとがった革靴が流行していた。貧乏な下村家は新しい靴を買う余裕がなく、下村は父親のお下がりの靴を履いていた。この靴はデザインが古く、先が平らであった。ちょうど幾何学の授業で平らは「二直角」であると教わったため、クラスメートは下村に「二直角」というあだ名をつけてはやし立てた。

十二歳のとき、一家は父を追って上京した。いじめから解放された下村は心から喜んだ。同じころ、父は雑誌『交通』を創刊した。下村は雑誌発送の宛名書きや切手貼り、郵便局への搬送などを手伝った。

高等中学校に入ると、家を出て友人三人と自炊生活を始めた。スポーツを始め、旅行もするようになった。中学や高校時代に読んだ『日本外史』と『史記』「列伝」が、もっとも大きな影響を受けた本であった。

下村は帝国大学（現・東京大学）に入学するとバンカラになった。高校時代には中くらいだった成績もトップになった。勉強していないことを豪傑気取りで得意がっていた。

当時の帝国大学にアーネスト・フォックスウェルというイギリス人の先生がいた。イギリス人であることを鼻にかけ、傲慢な態度だったという。誰かに頼まれたわけでもないのに、懲らしめてやるといきり立った下村は、先生が教室に入ったら、生徒みなで一斉に机を叩き、床を蹴って先生を脅すようにけしかけ、これを実行させた。生徒たちの反抗的態度に青ざめたフォックスウェルは、以後授業に出ることを拒否し、問題となった。下村は退学を覚悟したが、恩師の和田垣謙三らの調停があって口頭で叱られるだけですんだ。教壇に立って、下村は生徒たちに語りかけた。

「諸君、このようなことは以後謹むように」

集団心理を煽り立て、最後には自分でそれを静めたのである。大学時代にはすでに集団心理の操作術を心得ていたようである。

同じ和歌山県出身の同級生に、栗本勇之助がいた。栗本はのちに栗本鉄工所を創業する。下村は栗本と一緒に和歌山学生会を組織し、雑誌も編集した。

官僚時代

成績優秀な下村は特待生組であり、大蔵省から誘いがあった。しかし逓信省に入ればヨーロッパに留学できると聞いて、父と同じ逓信省に入った。父は進路について、特に意見しなかったという。大学卒業に際して、台湾や沖縄、鹿児島へ旅行に行った。

逓信省に入ると、早稲田、中央、法政大学で財政学の非常勤講師を務めた。すぐに洋行させてくれるという約束は、時の政変で延期になってしまった。

高等中学校時代からの下村の友人に、岡実《おかみのる》がいた。下村は岡の推薦で、一九〇〇（明治三十三）年、文と結婚した。文は佐佐木信綱《のぶつな》のもとで和歌を学んでいた。これが縁となって、のちに下村は佐佐木の指導のもと、本格的に和歌を学ぶようになる。

一九〇一（明治三十四）年、下村は初代の郵便局長として勤務するため、北京に赴任した。前年の義和団の乱で、北京は荒廃しきった様子であった。このとき、清朝の外交を処理していたのは李鴻章である。まだ二十代だった下村は、単独会見を申しこんで会うことができた。

「二十七歳の若造が、七十九歳の宰相にやすやすと接見ができる。まことやそこに敗戦国の悲哀がある」

李鴻章と握手をしたが、手が氷のように冷たかった。下村は身にしみて感じた。

「戦《いくさ》はめったにやるものでない。負けたときはやりきれぬ」

このときから下村は反戦論者になった。李鴻章との接見は、勝手な行動として、時の公使であった小村寿太郎《こむらじゅたろう》からお目玉をちょうだいした。

荒廃しきった北京はハエの被害がひどく、茶碗に米を盛ってもみるみるうちに真っ黒になった。それが原因か、下村は発病して高熱に冒された。それでも自分はなんとなく運のいい男で、死ぬことはないと思っていた。もし死ぬようなら、それはそれで、もともと価値のないヘナチョコなのだと諦めていたという。結局、病気からは見事に回復した。帰国した下村は、その後すぐにベルギーへ留学することになった。

ベルギーへは「留学」という名目であった。「出張」に比べると旅費などの支給は低く、給料も減ぜられるなど、条件は悪かった。しかし出発前に『財政学』という本を刊行しており、この印税で留学中の金銭面はやりくりできた。

シベリア鉄道でベルギーへ向かい、ブリュッセルの素人宿に下宿した。貯金年金局に一室を借り、毎日登局して簡易保険の研究に励んだ。見聞を広めるため、ベルギー国内を頻繁に旅行し、スイスにも一カ月滞在した。

留学は一年の予定であったが、半年の延長を申し出た。ドイツ、フランス、イギリスにも滞在し、アメリカ経由で帰国している。

帰国後の下村は、平田東助《とうすけ》内務大臣の命により、簡易保険を創設することになった。農商務省や大蔵省、民間の保険会社などと折衝しながら、一九一五（大正四）年、簡易保険は成立する運びとなった。下村は今日、「簡保の父」と呼ばれている。

一九一五（大正四）年、下村は台湾総督府民政長官の職を拝することになった。やがて総務長官になり、地名を改称し、地方自治制を布いた。水力発電所をつくり、道路や鉄道を敷き、交通を発展させた。軍官によって治めるそれまでの統治から、法律や教育・啓蒙によって治める文治への転換に成功したのであった。下村の統治によって、台湾の総生産額は約三倍にも発展した。

下村が仕えた総督の一人に、明石元二郎《あかしもとじろう》がいた。明石は日露戦争の際、ヨーロッパで諜報・工作活動を行なった大物スパイである。「諜報の鬼」と呼ばれ、ヨーロッパ中を震え上がらせた明石は、下村に諜報活動の実態を詳しく教えたのであった。

台湾時代から、下村は「海南」という号を使い出した。和歌山と台湾、南洋を意味した号であった。下村は「下村宏」の本名より、「下村海南」のほうが有名だったかもしれない。また、一九一九（大正八）年、母校の東京帝国大学より総長推薦で法学博士の学位を受けた。下村の専門は財政学であったが、当時、財政学は法学に属していたのである。下村は博士であることに誇りを持ち、以後、誰にどんなことを聞かれても答えられるように広く勉強した。

一九二一（大正十）年七月、四十六歳の下村は官僚を辞職した。選挙の応援演説など、自由な言論活動をしたいというのが辞職の理由であった。台湾では、熱烈なる送別会を開いてもらった。

朝日新聞入社、副社長に

官僚を辞めた下村に対し、総理大臣であった原敬《はらたかし》は京都府知事にならないかと声をかけた。下村は、浪人となって欧米へ旅に出たいと述べ、これを断わった。原は「まあ考え直したまえ」と何度もくりかえしたという。

朝日新聞社長の村山龍平《むらやまりょうへい》は、東京朝日新聞を任せられる人材を探していた。村山は下村に、入社して社の仕事として欧米に行ったらどうかと提案した。これを快諾した下村は、朝日新聞に入社することにした。一九二一（大正十）年九月から翌年四月までの欧米訪問は、『欧米より故国を』という書にまとめられた。以後、一年に数冊のペースで時事問題について論じた本、歌集、思い出深い人々の逸話をつづった本などを精力的に出版するのであった。

下村は専務取締役となり、やがて副社長になった。兵庫県六甲山麓の苦楽園に豪邸を構え、「海南荘」と名づけた。現在では街を見下ろす高台に裕福な人が家を建てるのは珍しくないが、当時としては先駆的であった。自動車が普及しはじめ、高台に住んでも職場へ通えるようになってきたころであった。休日には高台から街を見下ろし、和歌をつくる日々は、彼の人生でもっとも幸せな時期であった。

下村の活躍もあって次第に新聞記者の社会的地位が上がると、下村は入社志願者やその紹介者の面接に忙殺された。経営者としてもっとも深く関わったのは、編集ではなく営業面であった。国内では講演旅行を続け、精力的に見聞を広めた。

ラジオは「声による新聞」

一九二五（大正十四）年、下村は大阪朝日の屋上において、ラジオのテスト放送を行なった。二月十三日から三週間、講演や音楽、ニュースなどを流したという。それまでのテスト放送とは異なり、はじめて本格的な放送設備と電力で放送したので、受信状態は極めて良好であった。下村はこのテストについて、次のように語った。

「自分の話に対して、樺太、朝鮮、台湾などの遠隔の友人から、明瞭かつ懐かしく聴取したといくつもの手紙をもらって驚いた」

また、同じ年の三月、東京芝浦で「試験放送」が始まり、すぐに「仮放送」となった。日時は不明であるが、下村は三月のうちにラジオに出演している。下村は「新聞の弁」と題する演説をした。

世の中の事柄は利害相伴わざるものはないが、新聞紙においてことに然りであります。ここに私は、声による新聞、すなわち無線放送の方法で、目による新聞紙のまず利便とする点につき、お話をいたします。

築地の水交社で山本伯爵が重傷を負った、後藤子爵が傷つけられた、財部《たからべ》大将が津波でさらわれた、政友会本部では高橋総裁初め幹部二十余名が横死をとげた、はなはだしきは皇居も炎上した、名古屋も全滅した、とまで、あらゆる蜚語《ひご》流説が関東大震災の当時、各地に流布せられたのであります。東京を中心としては、民衆あげてすべての真相が捕捉できぬ、いずれも真っ暗闇のなかにいる心持で、不安の念に満たされるのみならず、いくたの流言蜚語はついにはなはだ忌むべく悲しむべき事件を続発したことは、なお世人の記憶に新たなるところであります。当時一片の号外や一枚の張り出しにも、いかに民衆が待ちこがれたか。単にニュースを伝えるという意味だけでも、新聞の必要ということは、痛切に味わわれたことと思います。

（下村宏『新聞常識』）

当初の下村にとって、ラジオは「声による新聞」であった。下村は、ラジオが持つ社会的影響力に最初から注目していたのである。新聞が社会の「安全弁」であることについて、最後は次のようにまとめた。

最後に新聞の使命としてもっとも大事なことであり、また効果ありと見るべきことは国家社会のあらゆる方面の安全弁であるということであります。新聞は時にはことさらに扇動する、刺激する、挑発するということも事実であります。しかし大局を通観すれば、結局時代の大勢に順応すべき安全弁であります。昔は悪政の時はもとより、悪政でなくとも時代にそぐわなくなり、しかも民の声が上達しがたく、そこに無実の罪に陥り、あるいは水牢に入り、娘の身売りとなり、拷問となり、切腹となる。いわゆる安全弁が不十分であるため、その不平積憤がつもりつもって、竹槍、筵旗《むしろばた》より、ついに内乱となりましたことは、各国の治乱興亡のあとを見て明らかなるところであります。

時は流れて止みませぬ。その流れをせき止めて激せしめず、時と共に推移する。そこに憲政の妙諦があります。ことに近来のごとく保守に改進に、自由に保護に、その主義政策が分かれ、官に民に、文に武に、貴族に平民に、農に商に工に、資本家に労働者に社会の階級が多方面に分かれ、その利害関係が相錯綜するにあたっては、常に公平なる見地に立って、あらゆる世論、あらゆる意見、あらゆる批判を網羅し、あまねく世間の声を聞き、しかもわが国の歴史と国体のうえに鑑み、世界文化の新進にてらし、その進むべき姿を示す。そこに新聞紙の真に堅実なる進歩発展があるのであります。

新聞は要するに社会の反映であります。新聞そのものもまた社会の新進と相伴って、改善発達してゆかなければなりませぬ。ことに近時、各大学も、欧米の例を追って、新聞紙を発行し、新聞学科を置き、その卒業生にして新聞社に入社を志願する者、年々数百名にのぼるようになりました。それだけ社会も新聞を認識することが深くなりました以上、その責任もまた、ますます重きを加えます。どうか皆様はいずれの新聞の愛読者たるを問わず、この公器をして、より正確にかつ、より敏活に、その使命をまっとうせしむるため、進んで絶えず正確なる通信を新聞社に供給すると同時に、新聞の改善に対し、絶えず腹蔵なき意見をおもらしになって、いっそう新聞を活用せられるよう、衷心より切望してやまざる次第であります。

（『新聞常識』）

新聞による情報の発達は、扇動や挑発にならないように気をつければ、社会にとって有益であると述べている。下村は、同様のことを、ラジオについても考えていたのであった。下村が生涯にわたってラジオに出演した回数は、数百回にも及んでいる。そのため、日本中どこへ行っても、ラジオで有名な下村だと知られていた。地方へ講演に行くと、サインや揮毫《きごう》を頼まれることが多かった。勝手に名前を使われることもしばしばで、憤慨することもあった。

昭和初期の放送は日本放送協会による独占放送であった。日本放送協会が成立する以前、下村は朝日新聞でも放送できないかと考え、認可を申請した。許可が下りなかったのちも、チャンスがないか常にうかがっていた。放送の独占は、朝日新聞にとって不利益であるだけではなく、国民全体にとっても好ましくないと考えていた。

当時における放送の言論統制は厳しかった。ウィンタースポーツの講演ですら、関係当局から派遣された係官が放送のスイッチを切ってしまうことがあったという。下村は、もう少し放送を自由にできないか主張しつづけるのであった。

日本の敗北を予想

昭和に入る前から、下村は戦争に対して警戒感を強めていた。肉弾戦は過去のものとなり、これからは水陸戦よりは空中戦が主流になるであろうと予言していた。日本の家屋は燃えやすく、密集しているので、空襲の被害を受けやすい。飛行機による爆撃が当たり前になれば、日本は戦争に負けるであろうと述べた。

同時に、下村は戦争で負けるとどのようなことになるのか、多大な関心を持った。ベルギーに留学したこともあって、下村はイギリスやドイツ、フランスといった大国よりも、デンマークやスイスなどヨーロッパの小国に興味があった。ベルギーは、第一次世界大戦において、早い段階でドイツに国土のほとんどを征服されてしまった。のちの第二次世界大戦では、ドイツに対して無条件降伏をしている。しかしいずれの場合でも、ベルギーという国が消えてなくなったわけではないし、王室も存続している。下村は、近代戦における敗北は、必ずしも国家の滅亡にはつながらないと確信したようである。一九三二（昭和七）年、下村はやがて来る次の戦争で日本は敗北すると予想し、次のように書いている。

神経過敏にして冷静の気分に欠ける日本国民は、一度爆弾を投下されて、わが都市のマッチ箱のような家屋の燃え上る炎を見て、プロペラの音を聞く時は、にわかに声をからして、なぜ防空の設備を準備しなかったか、帝国の軍人は何をしているか、政府当局はどうしているのかと、恐らく新聞に雑誌に言論に、非難の声はごうごうとして狂せるが如くになるであろう。しかしいかに叫んでも、火は燃えて行くのである。爆弾は一回また一回風上から投ぜられては、ますます燃え広がるであろう。声をからしきった国民は、ここにはじめて覚醒の時機に入るのである。そしてローマは一日にして成らざる所以を知るのであろう。

かくの如き外科的手術も、一度はわが国民もなめて見るがよいと思う。かかる状態に陥っても、丸潰れに潰れてまた再び立ちあたわざるような、そんなケチな民族ではない。わが民族は、打ち倒しても再び立ち、叩きのめしても再びのびるだけの力ありと信ずるものである。一度屈するは、大いに伸びる所以であろう。世界いずれの民族といえども数千年数万年にわたって、「われは神州なり。一指もこれを染むるあたわざる国なり」と信じ得るものがあろうか。国民が砥礪《しれい》するところなく、内に外にその内容を充実せずして、過去の歴史的伝統のナショナル・プライドを保ち得るであろうか。ある時期にはお灸をすえられることは、まことに頂門の一針なりと言わなければならぬ。

（下村宏『日本民族の将来』）

下村は、日中戦争すら始まっていない一九三二（昭和七）年の段階で、日本はやがて空襲の被害にあって敗北し、その後大いに経済発展するであろうと見通していたのであった。

軍部からの入閣反対、そして雌伏の日々

一九三六（昭和十一）年、二・二六事件が起きた。三月五日には広田弘毅が総理大臣となり、六日には下村へ大臣就任の打診があった。下村は、誕生日である三月十二日付で朝日新聞を退社することにした。

しかし軍部は下村の入閣に反対し、下村は浪人になった。「下村は自由主義者である」というのが、入閣できない理由であった。浪人となって以後、下村は自説を貫きつつも、軍部を敵にまわさないように慎重になるのであった。

浪人になってからは東京の田園調布に「朝風荘」を構え、六甲山麓の「海南荘」を手放した。同じ朝日新聞の飯島幡司《いいじままんじ》は「海南荘」に歌碑を建て、下村の歌をきざんだ。

一九三七（昭和十二）年二月、下村は貴族院の勅選議員になった。同じ年の七月、蘆溝《ろこう》橋《きょう》事件が起き、日中戦争が開始された。下村は、戦争の早期終結を唱えた。

「日本と中国の長期にわたる全面戦争など好ましくない。早く終結するに越したことはない」

しかし、暴走する陸軍は、各地で戦渦を広げる一方であった。ラジオは声高に「非常時」を叫びつづけた。「非常時」であるならば、なおのこと戦争は早期に終結すべきだと下村は訴えたが、毎日のように「非常時」がラジオで唱えられると「非常時」が日常になりつつあった。下村は皮肉をこめて、歌を詠《よ》んでいる。

「銀座界隈《かいわい》夜もひるも人の浪ジャズの音非常時日本」

一九三七（昭和十二）年十一月二十九日、下村は大日本体育協会会長となった。若いころからスポーツをし、日本中すべてのゴルフ場を回るほどのゴルフ好きでもあった。一九四〇（昭和十五）年に東京オリンピックが開催されることがこのときすでに決まっており、下村は東京オリンピック組織委員会の副会長となるはずであった。しかし、日中戦争の拡大により一九三八（昭和十三）年七月十六日、オリンピックの返上が決定した。下村は、嘆きに嘆いた。

「栄養不良の子供を持っている親は、オリンピックの世話をしていたぼくの心持を察してくれると思う」

一度ならず二度までも、打ちのめされた形となった。

下村は、一九三九（昭和十四）年一月、対馬と壱岐《いき》を訪問した。学生時代から日本国内の旅を続けていたが、これにより旧国名でいう六八カ国をすべて踏破したことになった。

以後、下村は「日本国中、足跡至らざる所なし」と豪語した。

日米戦の可能性が出てくると、下村はさらに声を高くして批判した。

「日米間の戦争――これほど無意味なばかげたものはない」

しかし一九四一（昭和十六）年十二月八日、日米開戦となった。初期の戦闘で次々と勝利をあげる日本軍に大衆は興奮し熱狂した。

失意のうちにあった下村は、一九四二（昭和十七）年、自伝風の随筆を刊行した。よほど軍部にいじめられたと思ったのか、本の題名は『三直角』である。子供のころにいじめられ、ついたあだ名であった。

軍部に認められる

大日本体育協会会長になった下村は、各地で運動会を開き、その活動は徐々に軍に評価され始めた。一九四三（昭和十八）年一月十日、下村はラジオで「正しきものは勝つ」という演説を行なった。アメリカ人による日本人差別や侵略主義を批判し、やむなく戦争に至ったのだと述べた。下村がはじめて「大東亜戦争」について肯定的に述べた演説であった。

同年五月、日本放送協会は下村を会長として迎えた。就任早々、下村は「昭和九年以来の大異動」と言われるほどの大改革を行なった。

日本放送協会会長時代の下村は、『時局と放送』や『国民の心構へ』といった本を出版している。どちらの本も、戦争に賛同するような内容ではない。どうやら本心では、早期終戦の考えを変えていなかったようである。

時勢について批判するとき、下村はしばしば「世論」について言及した。

「世論は正しいという。しかしこれは大体において正しいというまでである」

世論は、ときに誤った判断をする。その誤りは、マスコミに端を発している場合が多いというのが下村の持論であった。学生時代から雑誌を刊行し、最初期からラジオに出演していた下村は、世論がときとして一部の人間によって大きく左右されるものであると考えていたのである。

当時の世論は、軍部がラジオで主張する「一億玉砕」であった。下村は歌を詠んでいる。

「地上より大和民族うせよとか一億玉砕何ぞたやすき」

こうした錯綜した情勢を踏まえ、下村は玉音放送を考え出した。表向きの理由は、「戦争という重大時局ならば、天皇が直々に国民へ呼びかけられるべきである」というものだった。しかし本当の狙いは、放送協会と天皇の関係を強くすることで、世論を少しでも抑えることだったらしい。また、天皇に嘘を語っていただくことは許されないので、国民に真相が伝えられると考えたようである。最初に下村が考えたのは、軍部や政府の干渉を避けながら、世論を少しでも終戦に向かわせるための玉音放送だった。

しかしこの発案について、「頭から問題にされなかった」と述べている。この時代の天皇は重々しい警備によって守られ、国民からできるだけ遠ざけられるべきだと考えられていた。当然のことながら放送に出演されたことはないし、ラジオ出演を提案すること自体が非常識なことであった。正確な情報の提供についても、再三申し出たが認められなかった。

官僚時代から下村は、府県制を廃止して道州制を導入すべきだと考えていた。行政上のコストの削減とともに、地方別にお互いを差別する日本の因習を少しでも緩和しようというのが狙いだった。ところが道州制の導入は、下村がいくら運動しても、地方の利益を代表する政治家や官僚によって阻止されつづけたのであった。

当時、総理大臣であった東條英機は、外務、内務、陸軍、文部、軍需の各大臣を一人で兼務し、「独裁者」と言われるほど強い権力を持っていた。下村は単独会見を申し出て、東條から道州制の導入を支持してもらえた。その見返りなのか、一九四四（昭和十九）年二月七日、貴族院で演説する機会が与えられると、下村は提出された予算原案を三十五分にわたって褒めちぎった。アメリカの「ハル・ノート」を批判し、東條を持ち上げ、戦争について次のように主張した。

「すなわち大東亜戦争は、わが日本帝国興亡の分かれる戦いであり、また大東亜一〇億の民族が解放されるか永久に圧迫されるかどうかの戦いであり、さらに真に世界の平和を招来しえるかどうかの戦いであります。その戦いが今や決戦期に入ったのであります」

東條の支持者たちは、下村のことを驚きとともに見直した。軍部は、ぜひこの演説を広く知らしめるべきだと働きかけた。下村は求めに応じて、これを『決戦期の日本』という本に収録した。この演説と出版により、下村は軍部の信頼を得た。下村が鈴木貫太郎内閣に参加する際、軍部はもはや妨害しなかった。

終戦内閣への参加

アメリカ軍の反攻作戦により、もはや戦局が絶望的となっていた一九四五（昭和二十）年四月五日、鈴木貫太郎が総理大臣に就任した。七日には下村に電話をかけ、入閣を打診した。下村は鈴木と過去に二回しか会ったことがなかったので、不安であった。一方の鈴木は、ラジオで有名な下村に二回も会ったことがあるのだから友人も同然だと思っていたらしい。下村は親しい友人と相談し、入閣することにした。国務大臣と情報局総裁の職を拝命した。

就任早々、下村は陸海軍における情報宣伝活動の機能を情報局に一元化した。以降、下村が真相の発表を心がけたため、日本は戦争で負けているということが少しずつ国民に理解されるようになった。

下村は、同じ国務大臣であった左近司《さこんじ》政三《せいぞう》と、終戦の必要性を確認し合った。やがて安《やす》井《い》藤治《とうじ》国務大臣も賛同し、三人の国務大臣は団結した。

五月三十一日、三人の国務大臣の発案で、総理、陸海軍両大臣と六人の懇談会を催した。この懇談会で、はじめて陸海軍両大臣の考えが大きく異なっていることが明白となった。阿南惟幾陸軍大臣は戦争の継続を主張したが、米内光政海軍大臣は終戦を考えていたのである。阿南は、国民が「一億玉砕」を叫んでいる今の状況では、終戦は不可能であると主張した。また、鈴木総理は、それまで終戦に持ち込む気があるのか誰にも言わなかった。懇談会の翌日、六月一日、左近司は鈴木と会った。陸海軍両大臣の意見が異なることについてどう思うのか、左近司は鈴木に問うた。鈴木は左近司に対し、終戦の意志があることを漏らしたという。左近司と米内は仲がよく、安井は阿南の信頼が厚かった。意見の合わない阿南と米内をまとめるのに、三人の国務大臣は必死であった。戦前の内閣において総理の権限は弱く、たった一人の大臣でも総理の方針に反対すれば、実質的に内閣を総辞職させることができたからである。六月に米内が辞めると言い出したときも、左近司が説得して思いとどまらせた。三人は、東郷茂徳外務大臣など、終戦に賛同する者を少しずつ固めていった。

下村は、さらに七月下旬に天皇拝謁を打診し、八月八日、ついに単独拝謁が許可された。運命の時がやってきたのである。

天皇への拝謁

下村は八月八日午前中、情報局における会議に出席し、十三時二十分、吹上御苑の御文庫に参内した。入口にいた藤田《ふじた》尚徳《ひさのり》侍従長に奏上の内容を報告し、十三時三十分に入室が許可された。通常は三十分程度の拝謁しか許可されないが、このときは異例の一時間が与えられた。下村が先に入室し、昭和天皇を待った。あとから入室された天皇は、下村に椅子に座るよう促された。天皇と二メートル足らずの距離で座り、右脇の椅子に荷物を置き、奏上を始めた。

まず、情報局における情報の一元化について下村は報告した。さらに空襲による被害が充分報道されていないので、できるだけ国民に真相を知らしめるべきであると述べた。久しく言論の圧迫下に置かれた国民は、倦怠《けんたい》と疲労のなかにあると下村は感じていた。

これほどの混乱を招いたのは、やはり軍部に責任があると下村は主張した。ミッドウェイ海戦のときに講和を結ぶべきであったし、ガダルカナル以後は完全に負け戦《いくさ》となっていた。インパール作戦では、遠方まで軍を進めるのだから本土防衛も対策ができているのかと思いきや、作戦はさんざんな結果に終わり、空襲はひどくなる一方であった。沖縄戦では、軍の一部をわざわざ沖縄から台湾へ振り向けた。台湾に長くいた下村は、アメリカが狙うのは台湾ではなく沖縄のはずだと事前に述べていたが、軍部は下村の意見も無視して台湾防衛策を練ったのである。本土を空襲に曝《さら》してなんら対策をとることができない軍部の責任は、追及されるべきであると言上した。

また総理経験者からなる重臣会議は、閉鎖的であると述べた。牧野《まきの》伸顕《のぶあき》のごとく、総理経験はなくとも立派な人物はいるとし、門戸を開くべきであると奏上した。

続いて、下村は玉音放送の必要性について述べた。明治や大正のころに比べると、天皇と国民の距離は遠くなっていた。警衛はいかにも厳《いか》めしく、かえって天皇を歓迎するような雰囲気ではなくなっていた。長野へ大本営を移転させるという案もあったが、これも国民の心が離れてしまうので好ましくない。そこで、君民一体となるためには、天皇がラジオで国民に呼びかけられることが必要であると言上した。かねてからの持論であった玉音放送の提案である。

最後に、鈴木内閣は世間でも「最終内閣」と言われていると言上した。この内閣で「時局収拾」を見るべきであり、どう考えてもこの戦争は勝つ見込みがないと述べた。

下村は、以上の内容を一時間にわたって主張した。その詳細は自著の『終戦記』に書かれている。後半一時間については、これまで公開されていなかったが、国立国会図書館憲政資料室所蔵、下村宏関係文書七九〇「参内記資料及原稿」のなかに、その内容について記した草稿がある。この草稿によると、後半は次のような内容であった。

昭和天皇、無条件降伏決意の瞬間

予定の一時間が過ぎたので、下村は退席しようとした。すると天皇は次のように言われた。

「警衛の問題であるが、虎ノ門事件でも、桜田門事件でも、直訴事件でも、少し手をゆるめるとすぐに事件が起こる。どうも困ったものだが不思議とすぐに事件が起こる。そうすると当局でも固くなってしまう」

警衛が厳めしくなっているという下村の批判に対するお言葉であった。続いて重臣の問題について天皇は述べられた。

「牧野も呼びよせることもあるが、これが表立つとかえって本人が迷惑する。考えてやらねばならぬ。また二・二六事件のようなことでもあると気の毒である」

下村は答えた。

「今日では、二・二六事件のときの鈴木内府が総理となり、また私も閣僚に列するようになり、時代は変わりました。現に、近頃は私どもにけしからぬと談判に見える人が相当あってしかるべきでありますが、それも見えません」

続いて、天皇はガダルカナル以後の作戦について話された。下村は軍人ではなかったが、朝日新聞副社長、貴族院議員、日本放送協会会長を歴任しており、公開されている情報に関しては詳しい人物であった。しかしその下村の理解を超えるほど、天皇は戦争について詳細な事情を説明された。天皇は、開戦時に海軍軍令部総長であった永野修身《おさみ》の責任が重いと考えておられたようである。

また、天皇は軍人の信賞必罰について次のように述べられた。

「信賞必罰についての意見であるが、東條の人事はあまりにも信賞必罰に急であり、その度が過ぎたと思う。東條により陸軍はようやくレールに乗り、統制がとれてきた。その間、東條の人事はむしろ信賞必罰が厳しすぎたと思う」

下村は、東條について思うところを素直に述べた。

「東條首相は、一人で総理、陸軍大臣、軍需大臣を兼任し、国民は不安になりました。重臣たちとも折り合いが悪く、しばしば口論になりました。私は東條首相に、重臣会議とせず、一人ひとり会って本音で語り合うほうがよいと申し入れたことがあります」

天皇は言われた。

「東條は軍人であって、政治家ではない。そうしたところに東條の欠点があったようである」

このときすでに広島に原爆が投下されていた。天皇は次のように御下問された。

「アメリカでは広島に総司令部のあることが知られていたのか」

広島には、西日本の陸軍の拠点である第二総軍が置かれていた。第二総軍は四月から畑《はた》俊六《しゅんろく》元帥の指揮下にあった。天皇は、陸軍の重要拠点が、原爆によって狙い撃ちにされたのではないかと解釈されたようである。

「知られていたと思います。畑元帥の就任も存じておりましょう。この次は、横須賀や新潟、金沢の爆撃が考えられます」

下村は入閣以前から、日本の情報はアメリカに漏れていると主張していた。情報源は明かしていないが、下村は外国の機微な情勢についてしばしば自著に書いている。台湾時代に明石元二郎から教わった諜報に関する知識は、終戦工作に生かされていたようである。情報局総裁であった下村が、日本の情報はアメリカに筒抜けであると言上した意義は大きかった。アメリカがこちらの手の内をわかっているのであれば、戦略を立てられないばかりでなく、終戦の条件について相談する余地もないからである。

合計二時間の拝謁が終わると、天皇は下村に言われた。

「大変よい参考になった」

この瞬間、天皇は無条件降伏を決意されたとお見受けする。八月八日十五時三十分のことであった。

下村が拝謁したのち、東郷外務大臣が天皇に拝謁した。東郷は、原子爆弾に関する事情を説明し、これを機会に終戦に向かうしかないと言上した。天皇ははっきりと述べられた。

「その通りである。この種の武器が使用された以上、戦争継続はいよいよ不可能になったから、有利な条件を得ようとして戦争終結の時機を逸することはよくないと思う。また条件を相談してもまとまらないのではないかと思うから、なるべく早く戦争の終結を見るように取り運ぶことを希望する。総理にもその旨を伝えよ」

次の日、下村はかつて宮内次官を務めた関屋《せきや》貞三郎《ていざぶろう》に、この言上の内容を話した。関屋は言った。

「そんなことまで言う人はほかにない。側近の人も政治に関する話題は避けがちになっている。よく言ってくれた。もうそれで君は死んでも心残りがない」

関屋は下村の手を握り締めて泣いたという。下村は、鈴木総理にも報告した。鈴木は言った。

「それは大成功でした。陛下もきっとお喜びになったに違いない。そうした話のやりとりをするのは、よくよく親しい少数の人に限られているので異例中の異例です。参考になったとおっしゃったのは『朕、大いに嘉賞《かしよう》す』ということであります」

鈴木は侍従長を務めたこともあるので、昭和天皇のお気持ちをよく知っていた。鈴木も下村の話を聞いて目を潤ませた。下村の言上により、終戦は決定的となったのである。

終戦の御聖断

八月九日未明に、ソ連は日本に対して宣戦布告した。九日は二回の最高戦争指導会議と三回の閣議が開かれた。会議の途中で長崎への原爆投下も伝えられた。阿南惟幾陸軍大臣は、戦争の続行か条件付きの降伏を主張して譲らなかった。阿南は、これまで宣伝に乗ってきた大衆の気分をどうやって終戦に向かわせるのか、その手段がないと主張した。

九日深夜から十日未明にかけて開かれた最高戦争指導会議でも意見はまとまらなかった。最高戦争指導会議は、総理、外相、枢密院議長、陸海軍の両総長、陸海軍両相の七人が、昭和天皇の前で自由に話し合う形式となった。無条件降伏をするのか否かで、総理を除く六人の意見は三対三に分かれた。鈴木総理はここで、自分の意見を入れて四対三とするのではなく、昭和天皇のご意見をうかがうことにした。この御聖断方式は左近司国務大臣の発案であり、東郷外相と鈴木総理の間で打ち合わせ済みであった。最高戦争指導会議でご意見を求められた昭和天皇は、公式の場ではじめて意見を述べられた。

「それでは自分が意見を言うが、自分は外務大臣の意見に賛成する」

無条件降伏の御聖断であった。これを受けて、天皇の大権だけは保持するという条件で降伏することになり、スイスやスウェーデンを通じて、連合国側へ伝えられることとなった。

十日午後の閣議では、これをいつ公表するか話し合われた。不用意に発表すれば、戦争継続派の軍人たちがどのような挙動に出るかわからない。対策は慎重を期すべきであるということで一致した。

十一日、下村はあわただしく動いた。十二時半に木戸幸一内大臣を訪れ、終戦の大詔をラジオで放送する方法について相談した。木戸もこれに賛成する。下村が当初考えていた玉音放送は、世論を終戦に向かわせるための真相の報道であったが、今度は終戦が天皇の御意となったので、これを放送するべきだと主張した。木戸がこの旨を天皇に奏上すると、天皇は「何時でも実行しよう」と仰せられた。

十三日、連合国側の回答がもたらされた。天皇の大権だけは保持するという条件は、認められなかった。阿南陸軍大臣と陸海両総長は、戦争続行を主張し、総理や外相へ積極的に働きかけた。

十四日朝八時、もはや一刻の猶予も許されないと判断した鈴木総理は、特別御前会議の召集を木戸内大臣に述べた。木戸は天皇に奏上し、前例のない御前会議が決定された。十時近く、天皇は全閣僚と両総長、枢密院議長に対し、平服のままでよいから参内せよというご命令を発せられた。

一同は吹上御苑の防空壕に入っていき、地下の会議室に集合した。少しして昭和天皇も入室された。総理がこれまでの経過を報告したのち、戦争終結に反対する陸海両総長と阿南陸軍大臣は、天皇の前で自説をくりかえした。昭和天皇はこれを聞かれ、次のように述べられた。

「ほかに別段意見の発言がなければ私の考えを述べる。反対側の意見はそれぞれよく聞いたが、私の考えはこの前に申したことに変わりはない。私は世界の現状と国内の事情とを充分検討した結果、これ以上戦争を継続することは無理だと考える」

天皇はさらに続けられた。

「この際、私としてなすべきことがあればなんでもいとわない。国民に呼びかけることがよければ、私は何時でもマイクの前にも立つ」

終戦と玉音放送が一度に決定された。

この前後、昭和天皇は「国体護持には自信がある」と明言されたとも伝えられる。なぜそう言われたのかは不明であるが、敗戦と国体の護持について太平洋戦争開始以前から興味を持って調べていた大臣が少なくとも一人いた。ベルギーに留学し、ヨーロッパの小国がどのように生き延びてきたか、多大な関心を持つ下村であった。

録音作業と反乱軍による監禁

御聖断ののち、閣僚は終戦の詔書をどのような文にするのか、またどのように発表するのか話し合った。発表の方法については、下村に一任すると決定された。下村は、ここに玉音放送の実行総責任者となったのである。放送は聴取率が一番高い正午とし、録音放送にすると決め、部下に準備を指示した。

一方、詔書の文案はなかなか決まらなかった。最初の文案は十日未明の御聖断を受けて、迫水久常《さこみずひさつね》書記官長が筆をとり、十二日には安岡正篤《まさひろ》、川田瑞穂《みずほ》ら漢文学者が目を通していた。それをさらに十四日の閣議で練って、二十二時近くになってようやくまとまった。

二十三時二十分、宮内省二階、拝謁の間において昭和天皇のお声を録音する作業が開始された。第一生命ビルや鳩ヶ谷の放送所と電話で結ばれ、複数カ所で同時に録音された。

録音に際し、昭和天皇は下村に質問された。

「声はどの程度でよろしいのか」

「普通のお声で結構であります」

天皇は詔書を読み上げられた。下村は天皇の右側、一番近い位置でその様子を見守った。四分三十秒の大詔は、複数の組のレコードになった。放送を録音にしたのは、天皇の終戦の詔の音声を、同時に複数カ所に存在させることが目的だった。終戦の放送は同時に複数カ所をつぶさないかぎり、止められない体制をつくったのである。録音を急いで深夜に行なったのは、このためであった。

一度目の録音が終わると、天皇は下村に言われた。

「今のは声が低く、うまく行かなかったようだから、もう一度読む」

実際の放送に使われたのは、二回目の録音だったとされている。天皇は三回目も行なうと言われたが、下村は辞退した。レコードは、宮内省や侍従の私邸など複数カ所で一晩保管されることになった。下村はこのとき、迫水久常書記官長に電話している。

「無事に終わったよ」

下村の勝利宣言であった。

録音作業を終え、車で帰宅しようとした下村は、皇居内でいつになく多い近衛兵隊に停車を命じられた。何ごとか兵士同士は相談したのち、問いかけてきた。

「この車中には下村国務大臣がいるのか」

運転手は回れ右を命じられ、移動させられた。下村はスタッフ一七人とともに五坪にも満たない部屋に監禁された。玉音放送を阻止しようという一部軍人による反乱であった。

これは下村にとって想定内だった。

ただ、ひとつだけ誤算があった。八月八日に拝謁したとき、下村は終戦の玉音放送について説明した。電話線でつないで同時に複数カ所で録音し、天皇のお声を複数カ所に存在させる計画である。監禁されていた部屋のなかで、下村は鼻をかむ振りをし、その計画を記した八枚のメモを取り出して懐に入れた。やがて用便のためとしてトイレに行き、それらを小さく破って便器へ流した。小さく破るのに時間がかかったため、下村はなかなか部屋に戻らなかった。部屋に残された者たちは、その途中に銃声を聞いた。みなは下村が処刑されたのかと息をのんだが、下村が戻るとほっと胸をなで下ろした。

反乱軍はレコード盤を探した。宮内省のなかは迷路のようになっており、どこが何の部屋なのか兵士たちは理解に苦しんだ。結局最後まで、一つのレコードも見つけることはできなかった。事件を知った田中静壱《しずいち》軍司令官は現場へ駆けつけ、反乱軍を解散させた。すでに士気を喪失していた反乱軍は抵抗する様子もなく検挙され、下村らは解放された。

三十七分半の日本史上もっとも衝撃的な放送

下村は自身の官邸に戻って横になり、少しして放送会館へ向かった。

ラジオや新聞は、八月十五日の正午に重大放送があると呼びかけていた。すでに戦争下において全国民に「必聴」とされていたラジオは、空前の聴取率で放送されようとしていた。さらなる妨害に備え、複数カ所で放送が準備されていた。

十五日正午、時報が鳴った。日本放送協会を代表するアナウンサーであった和田信賢《のぶかた》が述べた。

ただ今より重大なる放送があります。全国聴取者の皆様、ご起立を願います。

続いて下村は、全国民に呼びかけた。

天皇陛下におかせられましては、全国民に対し、畏《かしこ》くも御自ら大《おおみことのり》詔を宣《の》らせ給う事になりました。これよりつつしみて玉音をお送り申します。

（茶園義男『密室の終戦詔勅』）

下村は、天皇が大詔を「のらせ給う」と述べた。「のる」とは、「神が言う」という意味の古語である。佐佐木信綱に和歌を学び、『万葉集』に通じていた下村は、天皇の言動をしばしば古語で表現していた。

次に君が代が流され、昨晩録音された天皇のお声が放送された。

朕《ちん》深く世界の大勢と帝国の現状とに鑑み、非常の措置を以て、時局を収拾せむと欲し、茲《ここ》に忠良なる爾《なんじ》臣民に告ぐ。朕は帝国政府をして、米英支蘇四国に対し、其の共同宣言を受諾する旨、通告せしめたり。

このときのスタッフの様子を、下村は「満室、声をのみ、涙に光っている」と書き残している。

宜《よろ》しく挙国一家子孫相伝え、確《かた》く神州の不滅を信じ、任重くして道遠きを念《おも》い、総力を将来の建設に傾け、道義を篤くし、志操を鞏《かた》くし、誓て国体の精華を発揚し、世界の進運に後《おく》れざらむことを期すべし。爾臣民其れ克《よ》く朕が意を体せよ。

謹みて、天皇陛下の玉音の放送を終わります。

（『密室の終戦詔勅』）

大詔が終わると、再び君が代が流された。前後に流された君が代は合唱がなく、楽器の演奏だけを録音したもののようである。下村は、再びマイクに向かって述べた。

続いて和田アナウンサーが、詔書や内閣告諭、ポツダム宣言などを読み上げ、九日から十月四日までの経過を報告した。多くの国民は和田アナウンサーの説明を聞いて、初めて日本が負けたことが分かったとも言われている。日本の歴史上もっとも衝撃的な放送は、三十七分半で終わった。

この日の新聞は、放送に合わせて昼過ぎに配達された。新聞は詔書を大きく取り扱い、終戦を既成事実のように報道した。国民は耳で大詔を突然知らされ、目で確認することとなった。玉音放送は新聞とのメディアミックスにより、絶大な効果を発揮した。これらはすべて下村が計算し、指揮したことであった。しかし、下村はこれで国民が終戦を受け入れてくれるかどうか不安もあった。

放送会館から引き上げようとした下村は、二重橋前は大変な人ですよと聞いた。車を走らせ、わざわざ下車してその光景を見に行った。砂利に頭をふせて土下座をしている人、君が代を歌う人、万歳を叫ぶ人などがいた。

その日のうちに閣議が開かれ、十六時半に内閣は総辞職となった。下村は一通り終戦に関する手続きが終わってから内閣は総辞職すべきだと考えていたので、不意討ちだったと述べている。

翌日、二重橋前は昨日よりもさらに多くの人で埋まっていた。下村が電車に乗ると、見知らぬ人たちが下村に向かって目礼したり脱帽したりした。

鈴木の後を受けて首相に就任した東久邇宮稔彦王は、ラジオで終戦の徹底を訴え、その録音はくりかえし流された。九月二日にミズーリ艦上で降伏の調印がなされ、形式上はここに戦争は終結した。下村はそのしばらくのちまで、進駐軍に対してゲリラ戦を開始する残党が出現しないか心配しつづけた。

下村は、太平洋戦争とはアメリカと日本の戦いではなく、戦争をしたい者と平和を望む者との戦いであったと述べている。

戦犯容疑

下村は要職を歴任していたので、国際検察局により戦犯容疑がかけられた。下村は自宅軟禁となり、数々の著作が調べられた。

国際検察局尋問調書は、次のように結論づけている。

「簡単に言えば、以下の通りである。下村を好意的に見れば、彼が超国家主義者であるとか偏狭的愛国主義者であるという記録は存在しない。彼は、戦争の末期になって政権の座についたに過ぎないのである。彼を批判的に見れば、彼の動機は人道的で愛国的なものだったかもしれないが、悲惨な状況の余波を受けて間違ったことも言った責任は負うべきである。彼の考えはナイーブだったようであり、世論をつくることができる立場にあって大いに危険であった」

このうち「間違ったことも言った」とは、アメリカを批判した『決戦期の日本』の内容を指している。一九四四（昭和十九）年二月、東條内閣の予算原案を持ち上げた貴族院での演説筆記をもとにした本であった。国際検察局は、日本の敗色が濃厚になってきたので下村はナイーブになり、間違ったことを言ったのだと解釈した。

下村は起訴されなかった。当時の新聞は、拘置所に収監されたと報道したが誤報である。公職追放が解かれてのち、下村は政治活動や社会活動に尽力した。しかし、一九五七（昭和三十二）年十二月九日、肝臓がんによって亡くなった。死去に際し、昭和天皇は、勅使を下村家に派遣された。

考察――終戦を成功させた男

下村は玉音放送が自身の発案であったと何度も記している。具体的に動き出したのも、まだ空襲が本格化していない一九四三（昭和十八）年からであった。

「日本国中、足跡至らざる所なし」と述べる下村にとって、「日本」とは自分の足で歩きまわり、自分の目で見てきたものである。日本家屋の特質と人々のマナーに着目し、日本のラジオが欧米とは比べものにならないほど強い影響力を持っていると見破った人は、当時ほかにいたのであろうか。下村は、ラジオの力をもっともよく理解し、もっとも有効に使った政治家であった。

鈴木貫太郎内閣が恐れたのは、「一億玉砕」を叫びつづける国民であった。阿南惟幾陸軍大臣が最後まで戦争続行を主張したのも、この国民の頭をどうやって冷やすのか、手段がないという理由からであった。下村は、国民をそれほどまでに熱狂させているのはラジオだと見破り、ラジオの力をこの上なく強力にする方法として天皇による放送を考案した。その計算のとおり、天皇による放送は劇的な効果を発揮し、世論を一気に終戦へと変えた。マッカーサーは、「最後の一人まで戦う」と絶叫していた日本人が、急に戦争をやめた様子を見て、世界史上まれに見る見事な終戦だと絶賛した。

下村は朝日新聞時代、「自由主義者」と目されて、広田内閣に入閣できなかった。その後は敵をつくらないように上手く立ちまわり、大日本体育協会会長として運動会ブームを起こした功績が認められ、鈴木内閣に入閣できた。また、入閣できたからこそ玉音放送が実現できたのである。終戦後は、特高警察の拷問を受けてもひたすら戦争反対を主張しつづけた人が賞讃された。しかし、こうした人々は実際の終戦にはまったく貢献できなかったと言ってよい。実際に終戦を成功させた人は、情勢に巧みに妥協しながら権力を手に入れ、その権力を有効に使った人である。一度でも妥協したことがあるかどうかはあまり重要ではなく、実際に終戦を成功させたのかどうかに注目するべきであろう。この観点から見れば、玉音放送を成功させた下村の功績は計り知れないほど大きいのである。

戦後になると昭和天皇がラジオに出演されることは、決して珍しいことではなくなった。

今日ではテレビで皇族の方々を拝見することは、もはや日常的なことである。しかし、昭和初期において、天皇がラジオに出演されるということなど、常識では考えられないことであった。何にせよ、最初に行なうことには多大な苦労が伴うが、下村はこの未曾有の放送を実際にやってのけたのである。しかもそれは終戦を決定づけるために行なわれ、歴史上最大の衝撃を国民に与える放送となった。今日まで下村の功績が大きく扱われないのは、誠に遺憾なことである。

終　章　昭和初期ラジオの功と罪

昭和史研究の盲点

ラジオは、これまでの昭和史研究における大きな盲点であった。ラジオ放送は戦前において絶大な社会的影響力がありながら、歴史家によって十分に考察されてこなかった。なぜこのような大きな盲点があったのか、メディア論のマーシャル・マクルーハンはさまざまな示唆《しさ》を与えてくれる。

マクルーハンは、「誰が水を発見したのかは分からないが、魚ではないだろう」と述べている。魚は常に水のなかにいるので、かえって水というものの存在に気がつかないであろうという意味である。これまでの昭和史研究は、ラジオ世代による同時代史の側面が強かった。ラジオ世代の人は、ラジオという水の中にずっと住んでいたことになる。そうだとすれば、ラジオの社会的影響力に気がつかなかったのかもしれない。今や時代はテレビ時代を経てインターネット時代へ移行しつつある。マクルーハンは、二世代前のメディアでなければ、客観的な分析は難しいとも言っている。昭和初期を埋め尽くしたラジオという水の分析は、インターネット世代によってはじめて可能となるのかもしれない。

太平洋戦争とラジオの関係を見る上で、注目すべき観点をここで三つあげたい。一つはラジオが文字の文化ではなく声の文化であること。二つ目は、日本におけるラジオの社会的影響力を把握するのに、単純な統計主義が災いしたこと。三つ目は、日本では事実上、いつも集団でラジオを聞いていたことである。

声の文化としてのラジオ

文字の文化と声の文化を比べると、同じ言葉の文化でありながら、いくつかの違いがある。ウォルター・オングは『声の文化と文字の文化』でこの違いを考察している。オングはアフリカなどに住む文字を持たない民族の思考パターンを分析し、どんな特徴があるかを分析した。本書にとって重要な観点を抽出すると、話し言葉は、第一に文字の文化に比べて話に脈絡があるとは限らず、あまり深く分析して物事を考えない傾向にある。第二に、思想的には保守的で伝統重視になりやすい反面、歴史や伝統を都合よく解釈する傾向にある。第三に、競争的かつ攻撃的で、感情的になりやすい傾向にある。

話に脈絡がなく、深く考えないということは、たとえば文字に比べて話し言葉は定義があいまいだということと関係している。「大東亜共栄圏」という話し言葉は、地理的な範囲も意義も拡大されたり曲解されたりした。これを言い出した松岡にも厳密な定義はなかった。「大東亜共栄圏」は内容があいまいであるため、深く考えられないまま何度でもくりかえし説かれた。「お国のため」という言葉も、ほとんど脈絡なく使われた傾向が強い。そのあいまいさは、太平洋戦争とは何なのか、この戦争の意義はどこにあるのか、まったくもってあいまいであったことと、強くつながっているのではないか。

保守的で伝統を重視する割には、歴史や伝統を都合よく解釈する傾向は、太平洋戦争の特徴をよく表わしている。一例をあげれば、「撃ちてし止《や》まん」「八紘一宇《はっこういちう》」などの『日本書紀』の言葉は、大戦中に盛んに唱えられたが、これらは『日本書紀』とは別な文脈で使われた。「武士道」も、かなりいい加減に解釈され、日本は武士道の国だと言われたものの、江戸時代を通じて武士が国民の圧倒的少数であったことは、まったく無視された。松岡が多用した「日本精神」という言葉も、何を意味するのかほとんど不明であった。

競争的、攻撃的であり、感情的であることは、説明するまでもない。戦争とは話し言葉の世界であり、命令書など一部文字の世界が存在するものの、基本的に戦闘における命令は文字ではない。ラジオの声はしばしば絶叫調で戦争を煽ったし、軍歌は論理ではなく感情に響くものであった。

もちろん、声の文化が文字の文化に対して、全面的に劣っているわけではない。文字の文化は客観的な分析をするが、それはときに自分の置かれた状況を無視して机上の空論になる。文字の文化に偏れば、理屈ばかりを読み書きして行動が伴わない傾向が強くなる。考えを伝える早さでは、文字よりも声のほうが早い。重要なことは声と文字のバランスであり、何を文字によるか、何を声によるか、その的確な使い分けである。

ラジオが急速に普及した昭和初期、明らかにこの声と文字のバランスは急速に崩れた。声の文化が一気に拡大したのである。声の急激な拡大は、国民があいまいな内容の言葉を感情的に連呼する事態を招き、結果として政治を混乱させたのであった。

統計重視の災い

戦前における日本放送協会や逓信省、各種のラジオ団体は、ラジオが社会においてどのような影響力を持っているかを把握するため、多くの社会的な統計をとろうと試みた。この面においても、いくつかの問題があったと言える。

日本の人口当たりのラジオ受信機普及率は、終戦まで国別で世界の上位一〇カ国に入った様子はない。たとえば一九三八（昭和十三）年十二月末では、世界で二五番目である。これにより、欧米に比べて日本のラジオの社会的影響力は小さいと解釈するのが一般的であった。つまり、ラジオの実質的な社会的影響力を考えるとき、ラジオ受信契約者数と聴取率しか問題にされなかったのである。

日本の家屋は、外に音が漏れやすく、人々は都市部では密集して暮らしていた。さらに、屋外に音を漏らしても平気な風潮があった。この事実自体は、昭和初期においてしばしば取り上げられたことである。たとえば、高嶋米峰は『米峰曰はく』で、隣のラジオがうるさいから勉強の邪魔になると言って裁判所に訴えた人の話や、隣がラジオ屋なので毎晩おもしろい話が聞けると言って喜んでいる老人の話を紹介している。当時は異常なまでの大音量で聞いている人もおり、これはさすがに一九三七（昭和十二）年ごろから各地方で取り締まりの対象となった。しかし、これらの状況が日本特有であるかどうか、またそれが世論の形成にどのような影響を与えているかという問題は、あまり議論された様子はない。

「日本国中、足跡至らざる所なし」と豪語し、欧米各国も歩きまわった下村は、日本の特徴をよく見抜いていた。屋外を散歩していても、家々から漏れるラジオの音が耳に届き、一つの放送局の放送をずっと聞かされたのは、日本だけであったという。さらに日本人は欧米人に比べてお上意識が強く、お上の方針に従順な国民性であった。これらを考慮すると、日本におけるラジオ放送の影響力は、欧米各国をはるかに凌《しの》ぐものだったはずである。

そもそも社会情勢を把握しようと思うのなら、机の上で統計を眺めているだけではいけない。精力的に現地へ出かけて行って、見聞する努力も怠ってはならない。これが理解されなかったのは、当時における日本の社会科学の未熟さゆえであった。統計による社会情勢の把捉は明治以降に盛んになったが、統計の数字にだまされるという経験は、まだ不十分だった。下村は、数字ほど確かなものはないが、数字ほど人の判断を誤らせるものもないと主張している。彼の社会を見る目は、非常に確かなものがあった。

集団心理と日本のラジオ

ハドリー・カントリルとゴードン・オールポートという研究者による『ラジオ聴取の心理学』(一九三五年)という本がある。日本放送協会調査部は、この書の一部を一九四一(昭和十六)年十二月号の『放送研究』という月刊誌で紹介している。

この書によると、ラジオはこれまでの演壇の文化といくつかの点で異なるという。そのうちもっとも注目すべき点は、ラジオには「集団的誘導作用」がないという主張である。「集団的誘導作用」とは、次のようなものである。たとえば、ある集会の演壇で話し手が何かおもしろいことを言い、聞き手の隣にいる人が、それを聞いて笑ったとする。すると聞き手は、話し手の話だけではなく、隣の人の笑い声にもつられて笑ってしまうというものである。あるいは、政治集会で聴衆が喝采している演説は、聞き手もその雰囲気につられて喝采してしまう場合がある。ある聞き手の笑い声や拍手は、その場にいるほかの聞き手にも影響を与えてしまい、それはお互いに集団心理として作用する。このように、その場の雰囲気につられてしまうことを「集団的誘導作用」と呼ぶのである。

カントリルらは、ラジオにはこれがないと主張する。欧米では室外に音を漏らさないでラジオを聞くのが一般的な習慣であったから、ほかの家の聴取者がその放送に感動しているかどうか、その場ではわからない。演説会場と違って、ラジオでは聴取者がおのおのの個室で静かに聞いている。したがって、ラジオの聴取者は、放送内容をより批判的に、またより個性的に聞くことができるとしている。

しかし、この分析は、戦前の日本の都市部には当てはまらない。道を歩いていても自然にラジオが聞こえてくる日本の都市部では、戦争で勝利の報道がなされ、聞いている人が万歳を叫べば、近所中がラジオの放送内容と万歳の声を両方聞くことになった。しかも日本のラジオのチャンネルは二つしかなく、第二放送は第一放送に比べて平均聴取率はずっと低かったし、一日の放送時間も短かった。また一九四二（昭和十七）年以降は戦時下の全国民に対して「必聴」が求められたため、第二放送は廃止となった。戦前の日本では、近所中が一つの放送を聞くことが多かったはずである。

これらの事情から、戦前の日本におけるラジオ放送では、「集団的誘導作用」が頻繁に発生していたと考えられる。カントリルらの分析から考えれば、日本の聴取者は、放送内容に無批判で、没個性的であった。この状態が、全国各都市で広まっていたのである。

今日、日本の家屋はより気密性が高くなり、近所の声が聞こえにくくなった。また民間放送が開始されると、近所の人と同じ番組を聞くとは限らなくなった。「集団的誘導作用」は、戦後において徐々に少なくなっていったと考えられる。

何が太平洋戦争の本質なのか

今日のテレビやラジオは、社会に対して影響力を持っている。マスメディアが一つの権力であるという事実は、今日も変わりがない。しかし戦前の日本におけるラジオ放送は、その影響力において今日と大きく異なっていたと言える。また日本の状況は、当時のいかなる国とも異なっていたのである。

第一に、大正時代末期に登場したラジオ放送は、歴史上初の電気的マスメディアであった。何にせよ、社会にはじめて広まったものは、大きな衝撃を与える。テレビジョンは映像の出るラジオとして、ラジオの進化したものととらえることができるのに対し、ラジオは同様の例が過去に存在しなかった。社会に与えた衝撃は、戦後に登場したテレビよりも、最初に登場したラジオのほうが大きかったはずである。そのため、昭和初期の人々はこの新メディアとどのようにつきあうのか、その影響をどのようにとらえるべきなのか、まったくわからない状態に置かれていたと考えられる。

第二に、戦前の日本における放送は日本放送協会という単一の組織によって運営された。これは複数の放送事業者が存在した当時のアメリカや、民間放送が許可された戦後の日本とも異なっている。またそれは、ナチスによって管理された戦前ドイツの国営放送と共通している。公益社団法人と国営の違いはあっても、日本とドイツは、単一の組織が放送したのである。イギリスも一つの放送事業者に統轄されていたが、比較的自由に放送していた。これらの事実は、日独が極端な国家主義に走ったことと無関係ではないであろう。

第三に、戦前の日本のラジオは、聴取者にとって集団的誘導作用とともに聞かされた放送であった。ナチスはドイツ国民にラジオの聴取を呼びかけたが、警察が民家を一軒一軒回ってスイッチを入れさせたわけではないし、仮にそうしたとしても、聴取者はおのおの個室で聞いていたのであるから、集団的誘導作用はほとんどなかったはずである。一方、日本の都市部では、その家屋の特質によって近隣の住民のラジオの音が勝手に耳に飛びこんできた。近所がラジオをつければ、耳をふさがない限り強制的に放送を聞かされていたのである。それは、聞きたくなくても聞かされるものであり、さらに集団心理に煽られながら聞かされるという意味で、二重の強制であった。

この状態は、ほかのどの国においても起きなかった現象だったのではないか。昭和初期の日本国民は、極めて特殊な状態に置かれていたはずである。これでは、社会的な混乱をきたさないほうが不思議であろう。その結果、国民がこぞって無謀な戦争に賛同するという錯綜した状態をもたらしたと考えられるのである。

当時の日本は、教育も言論界も軍国主義が盛んであった。国際情勢は戦争が現実的な外交手段として考えられていた時代であった。また、大量破壊・殺戮《さつりく》兵器が登場しつつも、まだその恐ろしさが十分に認識されていない段階であった。しかし、このような条件においても、国家は必ず戦争するとは限らないし、戦争をするにせよ、計画的に短期決戦を行なうかもしれない。あるいは軍部主導で戦争が始められても国民の理解や協力が得られないことがありうる。無謀な戦争に国民が協力した背景には、やはりラジオという強大で新しい力を考えなければならない。

もし当時の状況が異なっていれば、発生した現象も異なっていたであろう。今日のように民主主義や人権思想、国際資本主義や平和主義の時代であれば、新メディアが急に出現しても、無謀な戦争は起きないはずである。しかしその場合、戦争とは別の形で社会的な混乱が発生したのではないか。昭和初期においては、無謀な戦争という現象が起きたが、本質としては新メディアによって社会に大きな混乱が発生したことこそ重要である。

一方でこの本質を見抜いた下村宏がラジオを有効活用すると、国民はこの上ない衝撃を受け、急に戦争をやめてしまった。軍部がラジオで広めた「一億玉砕」「最後の一人まで戦う」というスローガンは、ラジオによって消し飛んだ。マッカーサーはこれを世界史上まれに見る見事な終戦だと絶賛している。それは日本の戦争が世界史上まれに見る国民精神の錯乱の結果であったことの裏返しではないだろうか。

ラジオが強大な権力であった状況は、戦後もしばらくの間続いていた。アメリカ軍が進駐してくると、今度は「民主主義」が流行語になった。この単語は戦時中につくられている。日本は君主が治めている正しい国であるのに対し、アメリカは民が主になっていて理に反した国だという意味であった。しかし、終戦後になると、子供も肯定的な意味で口にするほど、「民主主義」は急速に普及した。それでいて、多くの国民はその厳密な意味を知らなかった。戦前の「大東亜共栄圏」と同様に、定義不明の言葉が急速に普及して、絶対的なものと見なされていたのである。民間放送や言論の自由が定着するまでの間は、戦前と同じ状況が続いていたと言える。

しかし、昭和初期のラジオは、混乱を招いただけではない。高嶋米峰が唱え、友松圓諦が広めた「会社で勤勉に働くことは社会貢献であり、自身の成長にもつながる」という思想は、その後の日本の経済発展を支えた。日本のラジオは、教養放送を通じて戦後の高度成長の精神的支柱を準備したのではなかったか。また、高嶋が主導した聖徳太子の名誉回復も賞讃されてよい。これらは日本放送協会が事実上意図したものであり、昭和初期のラジオによってもたらされた成果であった。

未来への教訓

あるマスメディアが急速に普及するとき、社会に急激な変化をもたらすことがある。ラジオと太平洋戦争の関係から得られる教訓は、「新しいメディアは未知の混乱をもたらす」という事実である。この現象は、今後も起きるかもしれない。新メディアが社会に充分定着し、人々が錯覚を起こさなくなったとき、そのメディアは社会にとって有意義なものになるであろう。しかしそれまでの間、われわれはそうした急激な変化に対して、充分に注意しなければならない。

二十世紀末から二十一世紀初頭にかけ、日本ではインターネットが急速に普及した。これは、どのような影響をもたらしたのか。さらにこれからもっと新しい強力なメディアが普及したら、どんな変化をもたらすのか。おそらく影響は思わぬところに見出されるであろうし、敏感に反応するのは、比較的若い世代であると予想される。

新メディアが登場するとき、その普及を止めることは容易ではない。また無理に止めることは、好ましくない場合も多いと思われる。われわれは歴史的教訓を踏まえた上で、これからも新メディアを有効に使ってゆかなければならない。太平洋戦争から得られる教訓は多いが、当時のラジオ放送に注目するならば、こうした教訓も新たに加えられるべきではないだろうか。

あとがき

そもそも私が戦前のラジオ放送を調べはじめたのは、松下幸之助を研究していたことがきっかけであった。松下は小学校中退のため、生涯にわたって文字の読み書きが苦手であり、特定の師匠もほとんどいなかったとされている。しかしなぜか難解な言葉を多く操り、思想家のように語ることができたのである。

松下と同時代の思想家をさまざまに調べたところ、同様の思想を述べていた人物として高嶋米峰が浮上した。両者の接点と言えば、高嶋がラジオの出演者であり、松下がラジオを聞くのが好きであったということだけである。最初は私も半信半疑でこの「接点」を調べはじめたのであるが、友松圓諦も併せて調べていくうちに、今日とは比べものにならないほど、ラジオが絶大な社会的影響力を持っていたことが次第にわかってきた。

下村宏によれば、昭和初期の日本のラジオ放送は、ときとして聞く気がなくても日常生活のなかで勝手に聞こえてくるものであった。この点で、当時最新のメディアであった映画や写真週刊誌とは大きく異なっている。音声メディアの影響力は、家屋の特徴や人々のマナーとともに考えなければならないという観点も、もっと注目されるべきであろう。

私が京都に住んでいることは、下村の主張を理解する上で役に立った。空襲をほとんど受けなかった京都には、昔の町並みがよく残っているからである。奈良、金沢、広島県の鞆《とも》の浦《うら》や宮島などへも行って同様のことを考えたが、自動車による騒音が少なかった昭和初期において、ラジオはかなりうるさい存在だったのではないかと想像できた。

本書が生まれる直接のきっかけは、二年ほど前の春にＰＨＰ総合研究所の江口克彦社長から、何か本を出版できないかと言われたことであった。その後、安藤卓取締役と相談して、おおまかな方向性が決まった。調査を経て一年後に原稿を提出すると、今度は新書担当の林知輝さんとの共同作業が始まり、この冬になってようやく出版にこぎつけた次第である。出版が遅れたことをお詫びするとともに、関係した皆様に心から感謝の意を表したい。

本書ははじめから、「学術的に十分高度で、なおかつ商品として売れるもの」として企画された。学術的責任は筆者が負うが、少しでもおもしろい本になっているならば、それは安藤取締役と林さんのおかげである。

現在、下村宏の伝記を刊行するため、調査を続けている。玉音放送の最高責任者であった下村の伝記が今の今まで一冊も存在しなかったのは驚くべきことであり、これだけでも戦前のラジオ放送がいかに研究の盲点であったのかを如実に物語っていると思う。

なお本書は、昭和初期における「声の文化」を、ＰＨＰ新書という「文字の文化」で紹介したものである。これをどう評価するかは、読者の皆様のご判断に委ねたい。

二〇〇八年一月六日

山口県光市に松岡洋右の墓を訪ねて

坂本慎一

※後日、下村の伝記については、左記の書を無事に刊行できた。

坂本慎一『玉音放送をプロデュースした男　下村宏』（ＰＨＰ研究所、二〇一〇年）

主な参考文献

序　章

黒田勇『ラジオ体操の誕生』青弓社、一九九九年
下村宏『南船北馬』四條書房、一九三二年
下村宏『生活改善』第一書房、一九三八年
竹山昭子『史料が語る太平洋戦争下の放送』世界思想社、二〇〇五年
日本放送協会編『日本放送史』日本放送協会、一九五一年
日本放送協会放送史編修室編『日本放送史』上巻、日本放送出版協会、一九六五年
松田儀一郎編『日本放送協会史』日本放送協会、一九三九年
『ラヂオ年鑑（ラジオ年鑑）』誠文堂、日本放送出版協会、一九三一～四八年

第一章

安食文雄『モダン都市の仏教――荷風と游と空外の仏教史』鳥影社、二〇〇六年
柏原祐泉『日本仏教史　近代』吉川弘文館、一九九〇年
坂本慎一「高島米峰と松下幸之助をめぐるラジオ」『論叢松下幸之助』第四号、ＰＨＰ総合研究所、二〇〇五年
渋沢青淵記念財団龍門社編『渋沢栄一伝記資料』第四九巻、渋沢栄一伝記資料刊行会、一九六三年

大日本雄弁会編『高島米峰氏大演説集』大日本雄弁会、一九二七年
高嶋清・雄三郎・四郎『亡父高嶋米峰廿七回忌生誕百年記念出版』（非売品）、一九七五年
高嶋米峰『店頭禅』日月社、一九一四年
高嶋米峰『人生小観』丙午出版社、一九二六年
高嶋米峰『随筆思ふまゝ』大日本雄弁会講談社、一九二七年
高嶋米峰「放送偶感」『ラヂオの日本』九月号、日本ラヂオ協会、一九二九年
高嶋米峰『遺教経講話』明治書院、一九三四年
高嶋米峰『信ずる力』明治書院、一九三六年
高嶋米峰『国民性への反省』博聞堂、一九三九年
高嶋米峰『権兵衛と烏』高山書院、一九四〇年
高嶋米峰『高嶋米峰選集』潮文閣、一九四一年
高嶋米峰『心の糧』金尾文淵堂、一九四六年
高嶋米峰『聖徳太子正伝』明治書院、一九四八年
高嶋米峰「聖徳太子と青淵翁」『青淵』五～六月号、社会教育協会、一九四九年
高嶋米峰『高嶋米峰自叙伝』学風書院、一九五〇年
高嶋米峰『米峰回顧談』学風書院、一九五一年
高嶋米峰没後五〇年記念顕彰書籍刊行会編『高嶋米峰』ピーマンハウス、二〇〇〇年
高田良信『法隆寺の歴史と信仰』法隆寺、一九九六年
東洋大学創立一〇〇年史編纂委員会・東洋大学創立一〇〇年史編纂室編『東洋大学百年史』東洋

大学、一九八八～九五年
『新仏教』新仏教徒同志会、一九〇〇～一五年

第二章

安食文雄『20世紀の仏教メディア発掘』鳥影社、二〇〇二年
加藤咄堂『雄弁法講話』大日本雄弁会講談社、一九二八年
坂本慎一「戦前における友松圓諦の真理運動」『論叢松下幸之助』第五号、ＰＨＰ総合研究所、二〇〇六年
全日本真理運動伝法部編『全日本真理運動とは何か――その実践と態形』全日本真理運動本部、一九三九年
高神覚昇『父母恩重経講話』大日本雄弁会講談社、一九四一年
高神覚昇『般若心経講義』世界教養全集一〇所収、平凡社、一九六三年
高神覚昇『高神覚昇選集』全一〇巻、歴史図書社、一九七七～七八年
友松圓諦『不二の世界』第一書房、一九三四年
友松圓諦『友松圓諦先生講話集』東方書院、一九三五年
友松圓諦『人間と死』偕成社、一九三八年
友松圓諦『母心』偕成社、一九三九年
友松圓諦『父心』偕成社、一九四〇年
友松圓諦『世間虚仮』誠信書房、一九五九年

友松圓諦『まことの生活』筑摩書房、一九七二年
友松圓諦『法句経講義』講談社、一九八一年
友松諦道・山本幸世『人の生をうくるは難く　友松圓諦小伝』真理運動本部、一九七五年
永田秀次郎『放送懺悔』実業之日本社、一九三七年
真柄和人「友松圓諦論（一）」『浄土宗学研究』第一〇号、知恩院浄土宗学研究所、一九七七年
山本幸世『友松圓諦日記抄　道をきてこころやすらかなり』真理舎、一九八九年
山本泰英『照破されたる友松圓諦真理運動の全貌』自由荘、一九三五年
『真理』真理舎、一九三五〜八四年
〈音声資料〉
『「法句経」の世界　生きているよろこび　友松圓諦』全一〇巻（日本音声保存、カセットテープまたはCD）

第三章

岩間政雄『ラジオ産業廿年史』無線合同新聞社事業部、一九四四年
後藤清一『叱り叱られの記』日本実業出版社、一九七二年
佐藤悌二郎『松下幸之助・成功への軌跡』PHP研究所、一九九七年
下村宏『プリズム』四條書房、一九三五年
創業五十周年記念行事準備委員会編『松下電器五十年の略史』松下電器産業株式会社、一九六八年

日本無線史編纂委員会編『日本無線史』全一三巻、電波監理委員会発行、一九五〇～五一年
平本厚「ラジオ産業における大量生産・販売システムの形成」『経営史学』第四〇巻第四号、経営史学会、二〇〇六年
松下幸之助『道は明日に』毎日新聞社、一九七四年
松下幸之助『仕事の夢 暮しの夢――成功を生む事業観』PHP研究所、一九八六年
松下幸之助『私の行き方 考え方』PHP研究所、一九八六年
松下幸之助『縁、この不思議なるもの――人生で出会った人々』PHP研究所、一九九三年
松下電器産業株式会社編『松下電器全製品型録 昭和一六年版』（非売品）、一九四一年
松永定一『新北浜盛衰記』東洋経済新報社、一九七七年
山口誠「『放送』をつくる『第三組織』――松下電器製作所と『耳』の開発」、『メディア史研究』第二〇号、ゆまに書房、二〇〇六年
ラジオ事業部五〇年史編集委員会編『飛躍への創造――ラジオ事業部五〇年のあゆみ』松下電器産業株式会社ラジオ事業部、一九八一年
PHP研究所編『PHPゼミナール特別講話集 松下相談役に学ぶもの』（非売品）一九七八年
PHP研究所編『PHPゼミナール特別講話集 続々 松下相談役に学ぶもの』（非売品）一九七九年
PHP総合研究所研究本部「松下幸之助発言集」編纂室編『松下幸之助発言集』全四五巻、PHP研究所、一九九一～三年
『ラヂオの日本』日本ラヂオ協会、一九二五～四三年

〈音声資料〉

（ＰＨＰ総合研究所経営理念研究本部所蔵、松下幸之助の講話・対談のテープ。一部は文字に起こしてあり、『旧速記録』『速記録』として所蔵）

第四章

浅野秋平『民族の使徒　松岡洋右』産業文化報国会、一九四一年
大川三郎『巨豪　松岡洋右』東洋堂、一九四〇年
外交問題研究会編『松岡外相演説集』日本国際協会、一九四一年
川村新太郎『松岡洋右孝行美談』（『少女倶楽部』の附録）大日本雄弁会講談社、一九三三年
木戸日記研究会編『木戸幸一日記　東京裁判期』東京大学出版会、一九八〇年
斎藤良衛『欺かれた歴史　松岡と三国同盟の裏面』読売新聞社、一九五五年
角谷緑三『松岡洋右伝』青年教育研究会、一九四一年
竹内夏積編『松岡全権大演説集』大日本雄弁会講談社、一九三三年
田中寛次郎編『近衛文麿手記――平和への努力』日本電報通信社、一九四六年
萩原新生『世紀の英雄　松岡洋右』牧書房、一九四一年
服部卓四郎『大東亜戦争全史』原書房、一九六五年
保阪正康『東條英機と天皇の時代』筑摩書房、二〇〇五年
松岡洋右『動く満蒙』先進社、一九三一年
松岡洋右『興亜の大業』教学局、一九四〇年

松岡洋右伝記刊行会編『松岡洋右――その人と生涯』講談社、一九七四年
三輪公忠『松岡洋右』中央公論社、一九七一年
森清人『松岡洋右を語る』東方文化学会、一九三六年
読売新聞戦争責任検証委員会編『検証 戦争責任』全二巻、中央公論新社、二〇〇六年
〈音声資料〉
ＮＨＫ監修『ＮＨＫ録音集――昭和の記録 激動の五五年』ＮＨＫサービスセンター、一九八〇年

第五章

朝日新聞百年史編修委員会編『朝日新聞社史 大正・昭和戦前編』朝日新聞社、一九九一年
粟屋憲太郎・吉田裕編『国際検察局（ＩＰＳ）尋問調書』第二四巻、日本図書センター、一九九三年
大宅壮一編『日本のいちばん長い日』角川書店、一九七三年
木戸日記研究会論『木戸幸一日記』上・下巻、東京大学出版会、一九六六年
坂本慎一「玉音放送に至るまでの下村宏の事績と思想」『論叢松下幸之助』第七号、ＰＨＰ総合研究所、二〇〇七年
坂本慎一「松下幸之助を日本中に紹介したジャーナリスト 下村宏」『ＰＨＰビジネスレビュー』第四三～五九号、ＰＨＰ総合研究所、二〇〇七～二〇一〇年
坂本慎一「昭和天皇・終戦間際の御言葉」『Ｖｏｉｃｅ』九月号、ＰＨＰ研究所、二〇〇七年
佐藤卓己『八月十五日の神話――終戦記念日のメディア学』筑摩書房、二〇〇五年

下村宏『思ひ出草（一白の巻）』日本評論社、一九二六年
下村宏『新聞常識』日本評論社、一九二九年
下村宏『日本民族の将来』朝日新聞社、一九三二年
下村宏『東亜の理想』第一書房、一九三七年
下村宏『来るべき日本』第一書房、一九四一年
下村宏『一期一会』人文書院、一九四二年
下村宏『二直角』桜井書店、一九四二年
下村宏『決戦期の日本』朝日新聞社、一九四四年
下村宏『終戦記』鎌倉文庫、一九四八年
下村宏『我等の暮し方考え方』池田書店、一九五三年
下村宏『終戦秘史』講談社、一九八五年
下村正夫編『故海南歌集 歌暦』（非売品）、一九五九年
鈴木一編『鈴木貫太郎自伝』時事通信社、一九六八年
竹山昭子『玉音放送』晩聲社、一九八九年
茶園義男『密室の終戦詔勅』雄松堂出版、一九八九年
柘植宗澄『苦楽園八十年の歩み』（非売品）苦楽園自治会、一九九一年
寺門克「痛快人物列伝 下村宏」（一～六）『逓信協会雑誌』一〇六九～七四号、逓信協会、二〇〇〇年
東郷茂徳『東郷茂徳外交手記――時代の一面』原書房、一九六七年

〈音声資料〉
学習研究社「玉音放送が流れた日」音源CD、NHKサービスセンター、二〇〇五年（福住一義ほか編『玉音放送が流れた日』学習研究社、二〇〇五年に附属）
〈一次資料〉下村宏関係文書七九〇「参内記資料及原稿」（国立国会図書館憲政資料室所蔵）

終章

高嶋米峰『米峰曰はく』丙午出版社、一九三〇年
Hadley Cantril and Gordon W. Allport, *The Psychology of Radio*, Arno Press and The New York Times, 1971（日本放送協会調査部訳「ラジオ聴取の心理学」（部分訳）、『放送研究』十二月号、日本放送協会、一九四一年）
Marshall Macluhan, *Understanding Media : The Extensions of Man*, McGraw-Hill Book Company, New York, 1964（栗原祐・河本仲聖訳『メディア論――人間の拡張の諸相』みすず書房、一九八七年）
Walter Ong, *Orality and Literacy*, Methuen & Co. Ltd., 1982（桜井直文ほか訳『声の文化と文字の文化』藤原書店、一九九一年）

法蔵館文庫版・解説

本書は拙著『ラジオの戦争責任』（ＰＨＰ研究所、二〇〇八年）の文庫版である。文庫化に際して、一部の間違いや自他の研究の進展で認識が変わった点などを訂正した。

ここでは読者の理解を深めていただくため、本書の背景について述べたい。同時に、ここから若手の読者の方々がさらに関心を広げられるよう、読書案内を兼ねたいと思う。

まず本書を書こうと思った一つのきっかけは、次の書である。

①読売新聞戦争責任検証委員会編著『検証戦争責任』（全二巻）**中央公論新社、二〇〇六年**

この内容は当初、読売新聞紙上に随時掲載され、やがてハードカバー二巻本にまとめられた（後に文庫版も出版）。読売新聞が総力を結集した調査であり、当時の戦争責任論の到達点を示している。軍部や政治家のみならず、新聞社が調査して新聞の戦争責任について論じている点では、公平な調査であった。しかし残念ながら、ラジオについては「ラ」の字もないのである。①に限らず、この時点で、それまで出版されたいかなる書でも、戦争責任論でラジオを扱ったものはなかった。これが執筆の一つの動機である。

本書の先駆として私が意識したのは次の書である。

②吉見義明『草の根のファシズム――日本民衆の戦争体験』東京大学出版会、一九八七年

私が学生のころ、太平洋戦争は多くの国民の反対を押し切って進められた戦争であったとか、国民はみな戦争には反対だったという説明をしばしば聞くことがあった。しかし、大多数の国民が戦争に反対したという証拠は、どこを掘り起こしても出てこない。一九四二（昭和一七）年四月三十日の翼賛選挙（第二一回衆議院議員総選挙）は、国民が戦争を強く支持したという動かしがたい事実を示している。②は、太平洋戦争が国民の積極的な協力のもとに遂行された事実をさまざまな角度から指摘している。同様の主張で比較的新しい書として、次のものがある。

③筒井清忠『戦前日本のポピュリズム――日米戦争への道』中公新書、二〇一八年

「ポピュリズム」という言葉が一般に広まったのは、アメリカのトランプ氏による「トランプ現象」がきっかけであった。ツイッターを駆使したトランプ氏の政治手法を目の当たりにして、本書『ラジオの戦争責任』も見直されるようになったとうかがっている。当時の私が書いた「新しいメディアは未知の混乱をもたらす」という現象は、残念ながら今後も起きるであろう。

私の学生時代は「ポピュリズム」ではなく、「ウルトラ・デモクラシー」と呼ぶほうが多かったように思う。「ウルトラ・デモクラシー」についての古典的名著として、次の三点があげられる。

④オルテガ・イ・ガセット『大衆の反逆』岩波文庫、二〇二〇年（ほかにも、ちくま学芸文庫版など）

⑤アレクシス・トクヴィル『アメリカのデモクラシー』（全四巻）岩波文庫、二〇〇五～二〇〇八年（ほかにも、『アメリカの民主政治』〔全三巻〕講談社学術文庫版がある）

⑥エドマンド・バーク『フランス革命についての省察』（全二巻）岩波文庫、二〇〇〇年（ほかにも、再構成した『［新訳］フランス革命の省察「保守主義の父」かく語りき』ＰＨＰ文庫版がある）

これら三点は、中公クラシックスでも出版されている。

民主主義は、決して崩壊しない体制ではない。たとえて言えば、人間の体温に似ている。民主主義は冷たすぎても死ぬし、熱すぎても死ぬのである。クーデターで軍事政権が樹立されたような場合は、冷やされて死んだパターンと言える。逆に、④～⑥は民主主義が熱すぎた状態に注目している。本書『ラジオの戦争責任』が立脚する社会思想とは何か、と問われたら、まずこれらをあげたい。

政治思想として意識したのは、次の書である。

⑦丸山眞男『増補版　現代政治の思想と行動』未来社、一九六四年（後に新装版も）

丸山は太平洋戦争の本質を「何となく何物かに押されつつ、ずるずると国をあげて戦争の渦中に突入した」（同書二四頁）と分析した。私もそのとおりだと思う。一方で日本の歴史は、「被抑圧者が、蔭でブツブツいいながらも結局諦めて泣寝入りして来た歴史である」（同書一四四頁）という丸山の主張には賛成できない。その理由として、たとえば次の書をあげられる。

⑧藤谷俊雄『「おかげまいり」と「ええじゃないか」』岩波新書、一九六八年

⑨西垣晴次『ええじゃないか　民衆運動の系譜』講談社学術文庫、二〇二一年

「おかげまいり」「ええじゃないか」は、大衆ヒステリーによって体制機能が麻痺した現象であった。日本は、狭い国土と人口の多さもあって、歴史上何度も「ウルトラ・デモクラシー」が起きてきた、というのが私の理解である。私は太平洋戦争の本質も、「おかげまいり」「ええじゃないか」に通じるものだと考えている。

賢明な読者はすでにお気づきだと思うが、本書『ラジオの戦争責任』は、決して日本放送協会の戦争責任を糾弾するのが目的ではない。問うているのは文明の装置としてのラジオであり、もっと言えば、メディアの存在そのものがテーマである。

メディア論の古典と言えば、マクルーハンであり、本書も大きな影響を受けている。

⑩**マーシャル・マクルーハン『メディア論――人間の拡張の諸相』みすず書房、一九八七年**

⑪**マーシャル・マクルーハン／エドマンド・カーペンター『マクルーハン理論――電子メディアの可能性』平凡社ライブラリー、二〇〇三年**

お薦めしたいのは⑩だが、高価で分量も多いので、雰囲気だけ味わうなら⑪が適していると思う。

さて、『ラジオの戦争責任』は、刊行されるとNHK-BS2でかつて放送されていた『週刊ブックレビュー』で、ノンフィクション作家の梯久美子さんがお薦めの本として取り上げてくださった。この番組で俳優の故・児玉清さんと中江有里さんが激賞してくださったことは、いま思い出しても嬉しい。本書は最初、太平洋戦争の本としてとらえられ、続いてメディア史の研究者から反応があった。

メディア史研究は非常に幅が広く、研究者によっても見解が大きく異なる。『ラジオの戦争責任』についても、まったく異なるいくつかの反応があった。

それまでのメディア史研究をおおよそ網羅している専門書として次の書がある。

⑫**貴志俊彦／川島真／孫安石編『増補改訂　戦争・ラジオ・記憶』勉誠出版、二〇一五年**

メディア史を専攻しようと思うのなら、この書から始めることをお薦めしたい。

その後、少し遅れて大きな反響があったのが、近代仏教史である。「ミスター・近代仏教」と呼ばれる佛教大学の大谷栄一先生によれば、『ラジオの戦争責任』は近代仏教史研究においてベストセラーになったそうである。今回、仏教書を主に出版されている法藏館から文庫になったのも、この延長上である。

近代日本の仏教史研究について、当初の私は宗教学から入った。実は、宗教学による日本仏教論と、仏教学による日本仏教論は、本質的に異なる。自分の恥をさらすと、この二つの違いを当初の私は知らなかった。宗教学の方法論は主にキリスト教の分析のために開発されたものである。仏教学者はその方法論を使わず、むしろ仏教そのものの見方で仏教を見るのである。分かりやすく言えば、宗教学者は英語の本を読み、仏教学者は漢文とサンスクリットを読む、といえるだろう。

仏教学の日本仏教論で、大家による初学者向けの書として薦めたいのは、次の二つである。

⑬末木文美士『日本宗教史』岩波新書、二〇〇六年

⑭末木文美士『日本思想史』岩波新書、二〇二〇年

どちらも古代から現代までを扱っている。特に⑭は左右いずれの思想もバランスよく紹介していて、他に類を見ない。

宗教学で近代仏教に特化した書としては、次の書がある。

⑮大谷栄一／吉永進一／近藤俊太郎編『近代仏教スタディーズ——仏教からみたもうひとつの近代』法藏館、二〇一六年

近代仏教史研究は非常に速いスピードで、次々と有意義な研究成果が発表されている。いろいろな分野を読みかじっている私から見て、もっとも進展が速いと言っていい。初学者には⑮を読んで欲しいが、同時にこの本だけで満足して欲しくない。⑮で研究者の名前を知り、さらにそれぞれの研究者の最新の成果にふれて欲しい。

本書『ラジオの戦争責任』のもう一つのテーマは、「善人の善意が裏目に出る」ということであった。初期のラジオ出演者たちや、ラジオメーカーの人々、そして放送局の人たちは、ラジオ文化を日本に根づかせようと尽力した。しかし、ラジオ放送が人々の生活に定着すると、ラジオは戦争を煽り立て、「大本営発表」の嘘八百を宣伝する存在になり果てた。善人たちの善意は、裏目に出てしまったのである。

善には善の報いがあり、悪には悪の報いがある、と人は信じたいものである。司馬遷の『史記』「列伝」は、これをテーマにし、「天道、是か非か」と問いかけている。

⑯司馬遷『史記列伝』（全五巻）**岩波文庫、一九七五年**（ほかにも、ちくま学芸文庫版〔全四

巻〕や明治書院の新書版〔全一巻〕、明治書院のハードカバー版〔全七巻〕など）

歴史を見ると、極悪非道の限りを尽くしたような悪人が平穏無事に天寿を全うしたこともある。逆に、何も悪いことをしなかった人が苦しい目にあうことは、もっと多い。世の中は、こうした理不尽に満ちている。しかし、司馬遷は「善には善の報い、悪には悪の報い」というのは、六割程度は成立する、と見ていたようである。ただ、例外が四割もあるから、例外をあげだしたらきりがない。善人の善意が裏目に出ることは、この四割の方である。

本書は法藏館の丸山貴久さんから、思いがけずお声がけをいただき、出版が進められた。ここに心より感謝申し上げたい。私が大学院生のころ、とにかく古典をたくさん読みなさいと先生方から指導を受けた。「古典とはどのような本ですか」という私の質問に対し、「文庫になった本が古典だ」という名回答（？）をくださった先生がいた。この書が古典になったのであれば、望外の喜びである。

二〇二二年一月三一日　京都市の自宅にて

坂本慎一

坂本慎一（さかもと　しんいち）
1971年福岡県生まれ。大阪市立大学大学院経済学研究科後期博士課程修了。博士（経済学）。現在、PHP研究所PHP理念経営研究センター研究コーディネーター。著書に『渋沢栄一の経世済民思想』（日本経済評論社）、『玉音放送をプロデュースした男　下村宏』『戦前のラジオ放送と松下幸之助』（いずれも、PHP研究所）などがある。

ラジオの戦争責任《せんそうせきにん》
二〇二二年七月一五日　初版第一刷発行
著　者　坂本慎一
発行者　西村明高
発行所　株式会社　法藏館
京都市下京区正面通烏丸東入
郵便番号　六〇〇-八一五三
電話　〇七五-三四三-〇〇三〇（編集）
〇七五-三四三-五六五六（営業）
装幀者　熊谷博人
印刷・製本　中村印刷株式会社

ISBN 978-4-8318-2636-7 C1121

法蔵館文庫既刊より

価格税別

さ-1-1
増補 いざなぎ流　祭文と儀礼
斎藤英喜著
高知県旧物部村に伝わる民間信仰・いざなぎ流。中尾計佐清太夫に密着し、十五年にわたるフィールドワークによってその祭文・神楽・儀礼を解明。
1500円

キ-1-1
老年の豊かさについて
キケロ著
八木誠一
八木綾子訳
老人にはすることがない、体力がない、楽しみがない、死が近い。キケロはこれらの悲観的通念を吹き飛ばす。人々に力を与え、二千年読み継がれてきた名著。
800円

た-1-1
仏性とは何か
高崎直道著
「一切衆生悉有仏性」。はたして、すべての人にほとけになれる本性が具わっているのか。日本仏教に根本的な影響を及ぼした仏性思想を明快に解き明かす。解説＝下田正弘
1200円

さ-2-1
アマテラスの変貌
中世神仏交渉史の視座
佐藤弘夫著
童子・男神・女神へと変貌するアマテラスを手掛かりに中世の民衆が直面していたイデオロギー的呪縛の構造を抉りだし、新たな宗教コスモロジー論の構築を促す。
1200円

て-1-1
正法眼蔵を読む
寺田透著
多数の道元論を世に問い、その思想の核心に迫った著者による「語る言葉（パロール）」と「書く言葉（エクリチュール）」の「講読体書き下ろし」の読解書。解説＝林　好雄
1800円

い-1-1

地獄

石田瑞麿著

古代インドで発祥し、中国を経て、日本へとやってきた「地獄」。その歴史と、対概念として浮上する「極楽」について詳細に論じた恰好の概説書。解説＝末木文美士

1200円

く-1-1

王法と仏法

中世史の構図

黒田俊雄著

強靱な論理力で中世史の構図を一変させ、「武士中心史観」にもとづく中世理解に鋭く修正を迫った黒田史学。その精髄を示す論考を収めた不朽の名著。解説＝平　雅行

1200円

な-1-1

折口信夫の戦後天皇論

中村生雄著

戦後「神」から「人間」となった天皇に、折口信夫はいかなる可能性を見出そうとしていたのか。折口学の深淵へ分け入り、折口理解の新地平を切り拓いた労作。解説＝三浦佑之

1300円

あ-1-1

禅仏教とは何か

秋月龍珉著

仏教の根本義から、臨済宗・曹洞宗の日本禅二大派の思想と実践までを体系的に叙述。難解な内容を、簡潔にわかりやすくあらわした入門書の傑作。解説＝竹村牧男

1100円

ほ-1-1

増補 宗教者ウィトゲンシュタイン

星川啓慈著

ひとつの孤独な魂が、強靱な理性と「神との和解」のはざまで悩みぬく。新発掘の二つの『日記』等をめぐる考察を縦横にもりこんだ、宗教学からの独創的アプローチ！

1000円

ア-1-1・2

評伝 J・G・フレイザー

その生涯と業績　上・下（全二冊）

R・アッカーマン著
小松和彦監修
玉井　暲監訳

大著『金枝篇』で世界に衝撃を与えた人類学者の画期的評伝。研究一筋の風変わりな日常から、出版をめぐる人間模様、悪妻とも評された妻との結婚生活まで。未公開書簡や日記も満載。

各1700円

い-2-1
アニミズム時代
岩田慶治著

森羅万象のなかにカミを経験する。その経験の場とは。アニミズムそしてシンクロニシティ空間論によって自然との共生の方法を説く、岩田アニミズム論の名著。解説＝松本博之

1200円

か-1-1
信長が見た戦国京都
城塞に囲まれた異貌の都
河内将芳著

同時代史料から、「町」が社会集団として成熟していくさまや、戦国京都が辿った激動の軌跡を尋ね、都市民らの視線を通して信長と京都の関係を捉え直した斬新な戦国都市論！

900円

や-1-1
宗教とは何か
現代思想から宗教へ
八木誠一著

理性と言語による現実把握の限界をどう超えるか。ニーチェの生の哲学から実存主義、さらには京都学派の哲学までを総覧し、現代人のための宗教に至る道筋を鮮やかに指し示す。

1300円

つ-1-1・2
平安人物志
上・下（全二冊）
角田文衞著

考古学と文献史学を駆使した角田の博識と推理が冴え渡る、41篇の人物伝。緻密な分析で、平安朝を生きた人々の数奇な生涯を鮮やかに描き出した、歴史的名著。解説＝山田邦和

各1700円

か-2-1
インド人の論理学
問答法から帰納法へ
桂紹隆著

インド人の思考法は、観察から法則を導き出す帰納法的思考であった。事実に基づく論証法がインドでどのように展開したのか。その淵源を仏教の縁起の教えに見出した名著。

1300円

た-2-1
悟りと解脱
宗教と科学の真理について
玉城康四郎著

徹底した禅定実践と学問研鑽によって仏道を求め、かくして到達したブッダの解脱に基づき、一切の枠組みを超えた真理を究明する。稀有の求道者の最後の書。解説＝丘山　新

1000円

さ-3-1
ブッダとサンガ
〈初期仏教〉の原像
三枝充悳著
一人のブッダから多くの仏が生まれたのはなぜか。サンガはどのように成立したのか。仏教の根本問題を論旨明快な叙述で解きほぐす、恰好のインド仏教史入門。解説＝丸井　浩
1100円

し-1-1
ポストモダンの新宗教
現代日本の精神状況の底流
島薗進著
一九七〇年代以降に誕生・発展した「新新宗教」の特徴を読み解き、「新新宗教」を日本・世界の宗教状況とリンクさせることで、現代宗教論に一つの展望を与えた画期的試み。
1200円

や-2-1
〈方法〉としての思想史
安丸良夫著
安丸史学が対峙し、目指したものとは――。自身の研究や経験を回顧した論考・時評等を中心に収め、その思想的格闘の軌跡を示した歴史学徒必読の名著。解説＝谷川　穣
1300円

ア-2-1
英国の仏教発見
フィリップ・C・アーモンド著
奥山倫明訳
19世紀の英国人らによる仏教表象を分析し、西洋近代において、仏教が称賛や蔑視を交えながら「創造」されていく過程を、オリエンタリズムと宗教をめぐる観点から解明。
1300円

か-1-2
改訂 祇園祭と戦国京都
河内将芳著
創作物を通じて戦国期の祇園祭に託された「権力に抵抗する民衆の祭」というイメージは実態に合うものなのか。イメージと史実を比較し、中世都市祭礼・祇園祭の実像に迫る。
1000円

ブ-1-1
儀礼と権力　天皇の明治維新
ジョン・ブリーン著
日本の「近代」創出に天皇がはたした身体的役割とは何か。天皇はいかにして「神話の体現者」となったのか。従来とは異なる儀礼論的アプローチから迫ったユニークな試み。
1300円

も-1-1

梁の武帝
仏教王朝の悲劇

森三樹三郎著

皇帝菩薩と呼ばれた武帝の餓死、王朝の滅亡は、仏教溺信が招いた悲劇だったのか。類い稀な皇帝のドラマチックな生涯とその時代の精神を描出した不朽の傑作。解説＝船山　徹

1000円

む-1-1

天平芸術の工房

武者小路穣著

正倉院や東大寺をはじめとする花やかな天平芸術の創造にたずさわった工人たちの盛衰を明らかにしていくなかで、古代国家の文化の形成基盤の全体像を考察。解説＝山岸公基

1200円

た-3-1

改訂　歴史のなかに見る親鸞

平雅行著

数少ない確実な史料を緻密に検証することで、歴史研究者として親鸞の事蹟の真偽を究明する一方、民衆の苦難と自らの思想信条とのはざまで悩み苦しむ親鸞の姿をも描きだす。

1100円

す-1-1

東洋の合理思想

末木剛博著

インド仏教、中国仏教、中国古典に形式論理を見いだし、西洋思想とは異なる、非自我的な「楕円思考」を東洋の合理思想の根幹として解明する。野矢茂樹氏の解説も再録。

1200円

か-3-1

増補　菩薩ということ

梶山雄一著

迷いと悟りの世界を生きる菩薩の存在は、大乗仏教の真髄である。大乗仏教がめざした人間像を探究しつづけた著者が最終的に到達した菩薩像と、その生き方とは。解説＝桂紹隆

1000円

キ-2-1

ウィトゲンシュタイン・文法・神

アラン・キートリー著
星川啓慈訳

ウィトゲンシュタインの「文法」概念を宗教研究に応用し、自然主義・相対主義・還元主義をのりこえる視点を提供。そして「本物の宗教」に迫らんとする、宗教哲学の好著。

1200円

か-4-1

死と運命

中国古代の思索

金谷治 著

「このの《ママ》っぴきならない生命とはいったい何なのか」。孔孟、老荘、荀子等の言葉をてがかりに、中国古代における死、運命、欲望に関する思索を討尋する。解説＝中嶋隆藏

1100円

よ-1-1

劉裕

江南の英雄 宋の武帝

吉川忠夫 著

劉裕は微賤な武人に生まれながらも、卓越した行動力と徹底した現実主義によって皇帝となった。だが、即位後その生彩に翳りが――。南朝の権力機構の本質を明らかにする好著。

1000円

か-5-1

一遍語録を読む

金井清光
梅谷繁樹 著

一切を捨てた「捨聖」一遍。その思想的背景と生涯を法語から読み解き、巻末では一遍の和讃「別願和讃」を『節用集』『日葡辞書』などを駆使して詳論する。解説＝長澤昌幸

1200円

な-1-2

祭祀と供犠

日本人の自然観・動物観

中村生雄 著

動物を「神への捧げもの」とする西洋の供犠との対比から、日本の供養の文化を論じ、殺生・肉食の禁止と宗教との関わりに新たな光を当てた名著が文庫化。解説＝赤坂憲雄

1500円

さ-4-1

ラジオの戦争責任

坂本慎一 著

戦前最強の「扇動者」、ラジオ。その歴史を五人の人物伝から繙き、国民が戦争を支持し、また玉音放送によって瞬く間に終戦を受け入れるに至った日本特有の事情を炙り出す。

900円

は-1-1

明治維新と宗教

羽賀祥二 著

近代「神道」の形成と特質を仏教までもを含んだ俯瞰的な視野から考察し、「国家神道」に止まらない近代「神道」の姿をダイナミックに描いた、日本近代史の必読文献。

1800円